# Dénombrement et combinatoire

DIDEROT EDITEUR, ARTS ET SCIENCES

© 1996 DIDEROT MULTIMEDIA
ISBN : 2-84134-095-3

tous droits de reproduction, même fragmentaires, sous quelque forme que ce soit, y compris photographie, microfilm, bande magnétique, disque ou autre, réservés pour tous pays.

# Dénombrement et combinatoire

## Premières propriétés des probabilités

Christine Vigneron
Élisabeth Logak

Ce livre est accompagné d'un ensemble d'icônes apparaissant en marge du texte. Le lecteur trouvera ici leur interprétation.

- L'Ibis coiffé d'une lune est associé au Dieu égyptien Toth. Il est le Dieu du calcul, de la science et des arts. L'icône de l'Ibis servira à introduire les notes d'histoires des sciences.

- La chouette de Minerve est associée depuis l'antiquité à la sagesse et à la réflexion philosophique. L'icône de la chouette de Minerve marque une notion ou une démonstration qui réclame du lecteur une attention particulière.

- Dans la mythologie grecque, les cyclopes ont donné à Zeus la foudre comme arme. L'icône de la foudre prévient un danger ou un piège à éviter.

- La pierre de rosette permit à Champollion de déchiffrer les hiéroglyphes. En ce sens, elle a une valeur fondatrice. L'icône de la pierre de rosette est associée aux définitions, théorèmes ou propositions à caractère fondamental que l'étudiant retrouvera sans cesse dans la suite de son parcours.

- Le damier est l'icône qui représente la dimension ludique d'un exercice ou d'un exemple que le lecteur peut réaliser tout en s'amusant.

- L'icône cible présente un exercice qui a valeur de test de niveau pour le lecteur.

- L'icône Sisyphe symbolise l'effort nécessaire à la compréhension d'une notion clé.

# Préface

Cet ouvrage propose une introduction claire et pratique à l'Analyse combinatoire. Le texte a été particulièrement conçu pour les étudiants du premier cycle universitaire des Deug Mass et Mias, ainsi que pour les élèves des classes préparatoires.

Il n'est supposé du lecteur, aucune connaissance préalable en probabilités. Un chapitre de compléments rappelle les principaux outils d'algèbre et d'analyse utilisés dans le cadre de l'analyse combinatoire et des premières propriétés des probabilités. Les chapitres de cours sont illustrés de nombreux exemples, comme de courtes notes d'histoire des sciences. Pour chaque chapitre, le lecteur est renvoyé à de nombreux exercices accompagnés d'indices dont les solutions détaillées sont regroupées en fin de volume. Un ensemble d'icônes permet de se repérer dans le cours comme dans les exercices

# sommaire

1 **dénombrement et combinatoire** p. 1
   1.1   listes et arrangements .................................................................. p. 2
   1.2   parties d'un ensemble et combinaisons ................................. p. 7
   1.3   problèmes classiques de dénombrement .............................. p. 11

2 **espaces probabilisés** p. 21
   2.1   expérience aléatoire, modélisation ......................................... p. 22
   2.2   probabilité ................................................................................... p. 29
   2.3   applications ................................................................................. p. 48

3 **compléments** p. 63
   3.1   éléments de logique .................................................................. p. 64
   3.2   ensembles et applications ........................................................ p. 66
   3.3   sommations ................................................................................ p. 76
   3.4   intégration .................................................................................. p. 79

4 **exercices** p. 93

**solutions des exercices** p. 119

**La géométrie du hasard** p. 145

**index** p. 147

# dénombrement et combinatoire
CHAPITRE 1

# dénombrement et combinatoire

Dans ce chapitre, nous aurons à dénombrer des ensembles finis, autrement dit nous déterminerons leur cardinal. Deux méthodes seront employées. La première est de compter effectivement les éléments de l'ensemble $E$ que l'on veut dénombrer. La seconde consiste à mettre $E$ en bijection avec un autre ensemble $F$ dont on connaît le cardinal et à conclure, en vertu du résultat fondamental énoncé dans les compléments (section 3.2.3), que $\operatorname{card} E = \operatorname{card} F$.

## 1.1 listes et arrangements
### 1.1.1 applications et $p$-listes d'un ensemble fini

**Définition (1.1.1)**

$E$ étant un ensemble à $n$ éléments, on appelle *p-liste de $E$* toute suite $(x_1, \ldots, x_p)$ où chaque $x_k$ est un élément de $E$.

**Exemple (1.1.2)**

a. On appelle 0-liste de $E$ la suite vide ( ).
b. $E = [\![1, 6]\!]$ ;    $(1, 1, 2, 3, 1)$   est une 5-liste de $E$.
c. $E = \{R, B, V\}$ ;   $(R, R, B, V, R, V, V)$   est une 7-liste de $E$.

On peut dénombrer les $p$-listes de $E$ en comptant qu'il y a $n$ façons de choisir le premier élément d'une liste ; puis celui-ci étant choisi, il y a $n$ façons de choisir le deuxième ; pour chaque choix des deux premiers éléments, il y a $n$ façons de choisir le troisième, etc... En tout il y a $n \times n \times n \times \cdots \times n = n^p$ possibilités.

Remarquons maintenant qu'une $p$-liste de $E$ n'est rien d'autre qu'un $p$-uplet d'éléments de $E$, c'est-à-dire un élément de l'ensemble $E^p$, dont le cardinal est justement $n^p$.

**Théorème (1.1.3)**

Le *nombre d'applications* d'un ensemble à $p$ éléments dans un ensemble à $n$ éléments est égal au *nombre de $p$-listes* d'un ensemble à $n$ éléments, lui-même égal à $n^p$.

**Preuve**

Nous avons déjà établi que le nombre de $p$-listes d'un ensemble $E$ à $n$ éléments est égal à $n^p$. Reste donc à mettre en bijection l'ensemble $E^p$ des $p$-listes de $E$ avec l'ensemble $\mathscr{A}(U, E)$ des applications de $U$ dans $E$, $U = \{u_1, \ldots, u_p\}$ désignant un ensemble quelconque contenant $p$ éléments :

$$\psi : \mathscr{A}(U, E) \longrightarrow E^p$$
$$f \mapsto (f(u_1), \ldots, f(u_p))$$

Cette application est bien une bijection puisque tout élément $(x_1, \ldots, x_p)$ de $E^p$ admet un unique antécédent, à savoir l'application qui à chaque élément $u_k$ de $U$ associe l'élément $x_k$ de $E$. On peut donc conclure :

$$\operatorname{card} \mathscr{A}(U, E) = \operatorname{card}(E^p) = n^p. \qquad \blacksquare$$

**tirages avec remise**

Une urne $U$ contient $N$ boules numérotées de 1 à $N$. On tire successivement $n$ boules de $U$ en remettant chaque fois dans l'urne la boule qu'on vient de tirer, et on note $(x_1, \ldots, x_n)$ la suite des numéros obtenus.

Le nombre de résultats possibles est alors égal au nombre de $n$-listes de $[\![1, N]\!]$, c'est-à-dire à $N^n$.

## 1.1.2 injections et arrangements, nombres $A_n^p$

**Définition (1.1.4)**

$E$ étant un ensemble à $n$ éléments, on appelle *arrangement* de $p$ éléments de $E$ toute suite de $p$ éléments distincts de $E$.

## Exemple (1.1.5)

**a.** Si $E$ est l'ensemble vide $\varnothing$, alors le seul arrangement possible est l'arrangement de 0 élément de $E$ qui est la suite vide ( ).

**b.** Si $E$ contient $n$ éléments et $p > n$, alors il n'existe pas d'arrangement de $p$ éléments de $E$.

**c.** $E = [\![1,6]\!]$

$(3,1,6,5)$ est un arrangement de 4 éléments de $E$
$(4,1,6,2,5,3)$ est un arrangement de 6 éléments de $E$
$(3,1,3,4,2,5,6)$ n'est pas un arrangement
$(1,2,5)$ et $(5,1,2)$ sont deux arrangements distincts de 3 éléments de $E$.

**d.** $E = \{R, B, V\}$

Les arrangements d'un élément de $E$ sont $(R), (B)$ et $(V)$ : il y en a 3.
Les arrangements de 2 éléments de $E$ sont $(R,B), (B,R), (R,V)$, $(V,R), (B,V)$ et $(V,B)$ : il y en a 6.
Les arrangements de 3 éléments de $E$ sont $(R,B,V), (R,V,B), (V,B,R)$, $(B,R,V), (B,V,R)$ et $(V,R,B)$ : il y en a 6.

On peut dénombrer les arrangements de $p$ éléments de $E$ quand $p \leq n$, en comptant qu'il y a $n$ façons de choisir le premier élément d'un arrangement, puis pour chacune d'elles, $(n-1)$ façons de choisir le deuxième élément qui doit être distinct du premier; les deux premiers éléments étant choisis, il reste $(n-2)$ possibilités pour le troisième, etc... enfin il reste $(n-(p-1))$ façons de choisir le $p^{\text{ème}}$ élément qui doit être distinct des $(p-1)$ précédents. Ce qui fait en tout 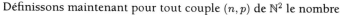 $n \times (n-1) \times (n-2) \times \cdots \times (n-p+1) = \frac{n!}{(n-p)!}$ possibilités.

Définissons maintenant pour tout couple $(n,p)$ de $\mathbb{N}^2$ le nombre

$$A_n^p = \begin{cases} \dfrac{n!}{(n-p)!} & \text{si} \quad p \leq n \\ 0 & \text{si} \quad p > n \end{cases}$$

$A_n^p$ représente ainsi *le nombre d'arrangements* de $p$ éléments d'un ensemble à $n$ éléments. Notons que $A_n^0 = 1$, $A_n^1 = n$ et $A_n^n = n!$

• LISTES ET ARRANGEMENTS •

**Théorème (1.1.6)**

Le *nombre d'injections* d'un ensemble à $p$ éléments dans un ensemble à $n$ éléments est égal au *nombre $A_n^p$ d'arrangements* de $p$ éléments d'un ensemble à $n$ éléments.

**Preuve**

Il s'agit là encore de mettre en bijection les deux ensembles dont on veut montrer qu'ils ont même cardinal: à savoir, l'ensemble des arrangements de $p$ éléments d'un ensemble $E$ à $n$ éléments, et l'ensemble $\mathscr{I}(U, E)$ des injections de $U$ dans $E$, $U = \{u_1, \ldots, u_p\}$ désignant un ensemble contenant $p$ éléments.

Considérons la restriction à $\mathscr{I}(U, E)$ de la bijection $\psi$ introduite dans la démonstration du Théorème 1.1.3 :

$$\psi|_{\mathscr{I}(U,E)} : \mathscr{I}(U, E) \longrightarrow E^p$$
$$f \longmapsto (f(u_1), \ldots, f(u_p)) .$$

Une application $f$ est injective si et seulement si ses images $f(u_1), \ldots, f(u_p)$ sont $p$ éléments distincts de $E$, autrement dit si et seulement si

$$(f(u_1), \ldots, f(u_p)) = \psi(f)$$

est un arrangement.

L'application $\psi|_{\mathscr{I}(U,E)}$ est donc une bijection de $\mathscr{I}(U, E)$ dans l'ensemble des arrangements de $p$ éléments de $E$. On en conclut que

$$\operatorname{card}(\mathscr{I}(U, E)) = A_n^p .$$

■

**tirages sans remise**

Une urne $U$ contient $N$ boules numérotées de 1 à $N$. On tire successivement $n$ boules de $U$ sans les remettre dans l'urne et on note $(x_1, \ldots, x_n)$ un résultat de cette expérience, $x_k$ désignant le numéro de la $k^{\text{ème}}$ boule tirée.

Le nombre de résultats possibles est égal au nombre $A_N^n$ d'*arrangements* de $n$ éléments de $[\![1, N]\!]$.

5

## 1.1.3 permutations

### Définition (1.1.7)

 On appelle *permutation* d'un ensemble $E$ à $n$ éléments tout arrangement des $n$ éléments de $E$. Il y a $A_n^n = n!$ permutations de $E$.

### Exemple (1.1.8)

a. Si $E$ est l'ensemble vide, la seule permutation de $E$ est la suite vide ( ).

b. $E = [\![1, 6]\!]$

$(4, 1, 6, 2, 5, 3)$ est une permutation de $E$
$(3, 1, 3, 2, 4, 5)$ n'est pas une permutation de $E$
$(1, 5, 6, 2, 3)$ n'est pas une permutation de $E$.

c. $E = \{R, B, V\}$.
Nous allons représenter graphiquement les permutations de $E$:

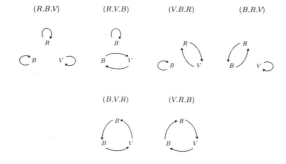

### Remarques (1.1.9) —

a. L'expression "permutation de $E$" a déjà été employée pour désigner une bijection de $E$ dans lui-même, c'est-à-dire un élément de $\sigma(E)$. Or nous la réintroduisons ici pour désigner un arrangement des $n$ éléments de $E$, où $n$ est le cardinal de $E$. Justifions cette apparente confusion.

Soit $E = \{e_1, \ldots, e_n\}$ un ensemble à $n$ éléments, $n \in \mathbb{N}^*$.
L'application $f \mapsto (f(e_1), \ldots, f(e_n))$ définit une bijection de l'ensemble $\sigma(E)$ dans l'ensemble des $n$-uplets d'éléments distincts de $E$.
On convient dès lors d'identifier $f$ avec $(f(e_1), \ldots, f(e_n))$.

**b.** On a coutume de noter $\sigma_n$ l'ensemble des permutations de $[\![1, n]\!]$

$$\operatorname{card} \sigma_n = n!.$$

## 1.2 parties d'un ensemble et combinaisons

### 1.2.1 cardinal de $\mathscr{P}(E)$

Soit $E$ un ensemble à $n$ éléments.
- Si $n = 0$, c'est-à-dire si $E = \varnothing$, alors $\mathscr{P}(E) = \{\varnothing\}$ et $\operatorname{card} \mathscr{P}(E) = 1$.
- Si $n$ est un entier naturel non nul, alors $E$ peut s'écrire $E = \{x_1, \ldots, x_n\}$ et il existe une bijection de $\mathscr{P}(E)$ dans $\{0, 1\}^n$ :

$$\mathscr{P}(E) \longrightarrow \{0, 1\}^n$$

$$A \mapsto (\varepsilon_1, \ldots, \varepsilon_n) \quad \text{où} \quad \varepsilon_k = \begin{cases} 1 \text{ si } & x_k \in A \\ 0 \text{ si } & x_k \notin A. \end{cases}$$

On vérifie que l'application ci-dessus est bien une bijection en observant qu'un élément quelconque $(\varepsilon_1, \ldots, \varepsilon_n)$ de $\{0, 1\}^n$ admet pour unique antécédent la partie $A$ de $E$ contenant les éléments $x_k$ tels que $\varepsilon_k = 1$. On en conclut :

$$\operatorname{card} \mathscr{P}(E) = \operatorname{card}(\{0, 1\}^n) = 2^n.$$

**Théorème (1.2.1)**

$E$ étant un ensemble de cardinal $n$, l'ensemble $\mathscr{P}(E)$ des parties de $E$ est de cardinal $2^n$.

**Exemple (1.2.2)**

Soit $E$ un ensemble contenant 3 éléments $x_1, x_2, x_3$. Enumérons dans un tableau les parties de $E$ et les éléments correspondants de $\{0, 1\}^3$ :

| $\mathscr{P}(E)$ | $\varnothing$ | $\{x_1\}$ | $\{x_2\}$ | $\{x_3\}$ | $\{x_1, x_2\}$ | $\{x_1, x_3\}$ | $\{x_2, x_3\}$ | $\{x_1, x_2, x_3\}$ |
|---|---|---|---|---|---|---|---|---|
| $\{0, 1\}^3$ | $(0, 0, 0)$ | $(1, 0, 0)$ | $(0, 1, 0)$ | $(0, 0, 1)$ | $(1, 1, 0)$ | $(1, 0, 1)$ | $(0, 1, 1)$ | $(1, 1, 1)$ |

$$\operatorname{card} \mathscr{P}(E) = \operatorname{card}\left(\{0, 1\}^3\right) = 8.$$

## 1.2.2 combinaisons, nombres $C_n^p$

Dans la section précédente nous avons dénombré toutes les parties d'un ensemble $E$ contenant $n$ éléments; nous nous attacherons ici à dénombrer le nombre de parties à $p$ éléments, où $p$ est un entier fixé.

### Définition (1.2.3)

$E$ étant un ensemble à $n$ éléments, on appelle *combinaison* de $p$ éléments de $E$ toute collection non ordonnée de $p$ éléments distincts de $E$, c'est-à-dire toute partie de $E$ contenant $p$ éléments.

### Exemple (1.2.4)

> **a.** Si $E = \varnothing$, la seule combinaison dans $E$ est $\varnothing$, qui est la combinaison de 0 élément de $E$.
> **b.** Si $E$ contient $n$ éléments et $p > n$, alors il n'existe pas de combinaison de $p$ éléments de $E$.
> **c.** $E = [\![1,6]\!]$
> $\{1,3,5,6\}$ est une combinaison de 4 éléments de $E$
> $\{1,2,5\} = \{5,1,2\}$ est une combinaison de 3 éléments de $E$
> $\{2,1,3,1,5\}$ n'est pas une combinaison de 5 éléments mais de 4 éléments de $E$ :
> $$\{2,1,3,1,5\} = \{1,2,3,5\}.$$
> **d.** $E = \{R, B, V\}$. Les combinaisons de 2 éléments de $E$ sont $\{R, B\}$, $\{R, V\}$ et $\{B, V\}$ : il y en a 3.

On remarquera qu'il y a $p!$ façons d'ordonner, dans une suite, $p$ éléments distincts de $E$. Par conséquent, à chaque combinaison de $p$ éléments de $E$, correspondent $p!$ arrangements de ces $p$ éléments de $E$. Il y a donc $p!$ fois moins de combinaisons que d'arrangements de $p$ éléments de $E$.

Définissons pour tout couple $(n, p)$ de $\mathbb{N}^2$ le nombre

$$C_n^p = \frac{A_n^p}{p!} = \begin{cases} \dfrac{n!}{p!(n-p)!} = \dbinom{n}{p} & \text{si} \quad p \leq n \\ 0 & \text{si} \quad p > n \end{cases}$$

$C_n^p$ représente ainsi le *nombre de combinaisons* de $p$ éléments d'un ensemble à $n$ éléments.

• PARTIES D'UN ENSEMBLE ET COMBINAISONS •

**Théorème (1.2.5)**

Le nombre de *suites strictement croissantes* de $p$ éléments de $[\![1,n]\!]$ est égal au nombre $C_n^p$ de *combinaisons* de $p$ éléments d'un ensemble à $n$ éléments :

$$\operatorname{card}\{(i_1,\ldots,i_p) \in \mathbb{N}^p \mid 1 \leq i_1 < \cdots < i_p \leq n\} = C_n^p.$$

**Preuve**

Il suffit de voir qu'on définit une bijection de l'ensemble des combinaisons de $p$ éléments de $[\![1,n]\!]$ dans celui des suites strictement croissantes de $p$ éléments de $[\![1,n]\!]$ en associant à toute combinaison $\{i_1,\ldots,i_p\}$ l'unique suite où $i_1,\ldots,i_p$ sont rangés dans l'ordre croissant. ∎

**tirages par poignées**

Une urne $U$ contient $N$ boules $b_1, b_2, \ldots, b_N$. On tire simultanément, c'est-à-dire en une poignée, $n$ boules de $U$. Le nombre de poignées (d'échantillons) possibles est égal au nombre $C_N^n$ de *combinaisons* de $n$ éléments de $\{b_1, b_2, \ldots, b_N\}$.

## 2.3 formules de combinatoire

Les formules donnant les valeurs du nombre de combinaisons à p éléments dans un ensemble à n éléments sont connues depuis le XIIème siècle. Cependant, les relations entre ces nombres, ainsi que leurs multiples applications (notamment la formule du binôme) ne seront établies qu'au XVIIème siècle par Blaise Pascal (1623-1662). A la suite d'une correspondance avec Pierre de Fermat (1601-1655), Pascal rédige en 1654 le *Traité du triangle arithmétique* qui marque la naissance de l'analyse combinatoire et, simultanément, du calcul des probabilités.

**Proposition (1.2.6)**

i.   $C_n^p = C_n^{n-p}$
ii.  $C_n^0 = C_n^n = 1$
iii. $C_n^1 = C_n^{n-1} = n$
iv.  $pC_n^p = nC_{n-1}^{p-1}$
v.   Formule de Pascal :

$$C_n^p = C_{n-1}^{p-1} + C_{n-1}^p$$

**vi.** Formule du binôme :
$$(x+y)^n = \sum_{k=0}^{n} C_n^k \, x^k \, y^{n-k}$$

**vii.** Formule de Vandermonde :
$$\sum_{k=0}^{n} C_a^k \, C_b^{n-k} = C_{a+b}^n$$

**Preuve**

**i, ii, iii** et **iv** sont évidentes et d'un usage courant.

**v.** La *formule de Pascal* se démontre aisément par le calcul, mais son interprétation par le dénombrement est plus intéressante :
Soit $E = \{x_1, \ldots, x_n\}$ un ensemble à $n$ éléments. $C_n^p$ est le nombre de parties à $p$ éléments de $E$. $C_{n-1}^{p-1}$ est le nombre de parties à $p$ éléments de $E$ contenant $x_1$. $C_{n-1}^p$ est le nombre de parties à $p$ éléments de $E$ ne contenant pas $x_1$.
$$C_n^p = C_{n-1}^{p-1} + C_{n-1}^p$$

**vi.** La *formule du binôme* est démontrée dans le chapitre 3 (exemple 3.1.2 b.) où nous établissons, pour tous complexes $x$ et $y$, l'égalité :
$$(x+y)^n = \sum_{k=0}^{n} \frac{n!}{k!(n-k)!} \, x^k \, y^{n-k}$$

Il reste seulement à remarquer que pour tout $k \in [\![0, n]\!]$,
$$C_n^k = \frac{n!}{k!(n-k)!}$$

**vii.** On démontre la *formule de Vandermonde* par le dénombrement.
Considérons une urne $U$ contenant $a$ boules blanches et $b$ boules noires. On tire de l'urne une poignée de $n$ boules.

- Notons $\Omega$ l'ensemble de toutes les poignées possibles : card $\Omega = C_{a+b}^n$.
- Pour $k \in [\![0, n]\!]$, notons $A_k$ l'ensemble de ces poignées de $n$ boules contenant $k$ boules blanches :
  - il y a $C_a^k$ façons de choisir les $k$ boules blanches d'une poignée,
  - pour chacune d'elle, il y a $C_b^{n-k}$ façons de choisir les $(n-k)$ boules noires,

ce qui fait en tout $C_a^k \times C_b^{n-k}$ poignées appartenant à $A_k$ :

$$\operatorname{card} A_k = C_a^k \, C_b^{n-k}.$$

▶ Or, $\{A_0, \ldots, A_n\}$ est une partition de $\Omega$ donc

$$\operatorname{card} \Omega = \sum_{k=0}^{n} \operatorname{card} A_k,$$

c'est-à-dire

$$C_{a+b}^n = \sum_{k=0}^{n} C_a^k \, C_b^{n-k}. \qquad \blacksquare$$

## 1.3 problèmes classiques de dénombrement

### 1.3.1 combinaisons avec répétition, nombres $\Gamma_n^p$

**Définition (1.3.1)**

$E$ étant un ensemble à $n$ éléments, on appelle *combinaison avec répétition* de $p$ éléments de $E$, toute collection non ordonnée de $p$ éléments non nécessairement distincts de $E$.

**Exemple (1.3.2)**

a. $E = [\![1, 6]\!]$
   $[3, 1, 3, 5, 6]$ est une combinaison avec répétition de 5 éléments de $E$
   $[3, 1, 3, 5, 6] = [1, 3, 3, 5, 6] \neq [1, 3, 5, 6]$.
b. $E = \{R, B, V\}$
   $[B, B, R, B, R, V] = [R, R, B, B, B, V]$ est une combinaison avec répétition de 6 éléments de $E$.

***Remarque* (1.3.3)** – *Une combinaison avec répétition de $p$ éléments de $E$ est comme une p-liste de $E$ où l'ordre ne compte pas. On comprendra mieux peut-être cette notion en assimilant les éléments $x_1, \ldots, x_n$ de $E$ à des types d'objets, et en regardant une combinaison avec répétition de $p$ éléments de $E$ comme une collection de $p$ objets dont les types ne sont pas forcément tous différents.*

*Que le lecteur pense à une collection de timbres où certains sont en plusieurs exemplaires.*

Avant de nous attaquer au dénombrement des combinaisons avec répétition de $p$ éléments d'un ensemble à $n$ éléments, nous allons résoudre trois problèmes.

**Problème (1.3.4)**

*De combien de façons peut-on répartir $p$ boules identiques (indiscernables) dans $n$ tiroirs $t_1, \ldots, t_n$ ?*

On représente une répartition des boules par un "mot" de $(n+p-1)$ signes dont $(n-1)$ sont des "|" représentant les cloisons entre les $n$ tiroirs et $p$ sont des "○" représentant les boules.

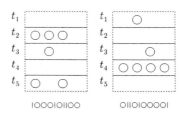

IOOOIOIIOO      OIIOIOOOOI

Il y a autant de répartitions que de mots différents, et autant de mots que de façons de choisir, dans la suite de $(n+p-1)$ signes, les $(n-1)$ qui seront des cloisons (les $p$ autres étant alors automatiquement des boules).

*Conclusion* : Il y a $C_{n+p-1}^{n-1} = C_{n+p-1}^{p}$ *façons de répartir $p$ boules indiscernables dans $n$ tiroirs.*

**Problème (1.3.5)**

*Quel est le cardinal de l'ensemble $\{(x_1, \ldots, x_n) \in \mathbb{N}^n \mid x_1 + \cdots + x_n = p\}$ ?*

Reprenons le modèle des boules et des tiroirs étudié dans le problème 1.3.4, et représentons cette fois une répartition des $p$ boules par un $n$-uplet $(x_1, \ldots, x_n)$, où $x_i$ désigne le nombre de boules dans le tiroir $t_i$.

Il y a autant de $n$-uplets $(x_1, \ldots, x_n)$ d'entiers naturels vérifiant $x_1 + \cdots + x_n = p$ que de répartitions des $p$ boules dans les $n$ tiroirs, c'est-à-dire $C_{n+p-1}^{n-1}$.

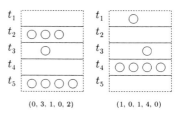

(0, 3, 1, 0, 2)      (1, 0, 1, 4, 0)

*Conclusion* : $\text{card}\,\{(x_1, \ldots, x_n) \in \mathbb{N}^n \mid x_1 + \cdots + x_n = p\} = C_{n+p-1}^{n-1} = C_{n+p-1}^{p}$.

## Problème (1.3.6)

*Quel est le cardinal de l'ensemble* $\{(y_1, \ldots, y_p) \in \mathbb{N}^p \mid 1 \leq y_1 \leq \cdots \leq y_p \leq n\}$ *des suites croissantes de p éléments de* $[\![1, n]\!]$ ?

Rappelons que le nombre de suites strictement croissantes de $p$ éléments de $[\![1, n]\!]$ est $C_n^p$. Or, on peut transformer une suite croissante en une suite strictement croissante par l'application :

$$\varphi : (y_1, \ldots, y_i, \ldots, y_p) \mapsto (y_1, \ldots, y_i + (i-1), \ldots, y_p + (p-1))$$

Notons $E$ l'ensemble des suites croissantes de $p$ éléments de $[\![1, n]\!]$ et $F$ l'ensemble des suites strictement croissantes de $p$ éléments de $[\![1, n+p-1]\!]$. L'application $\varphi$ définit une bijection de $E$ dans $F$, d'où

$$\operatorname{card} E = \operatorname{card} F = C_{n+p-1}^p.$$

*Conclusion* : Il y a $C_{n+p-1}^p = C_{n+p-1}^{n-1}$ suites croissantes de $p$ éléments de $[\![1, n]\!]$.

## Problème (1.3.7)

*Quel est le nombre* $\Gamma_n^p$ *de combinaisons avec répétition de p éléments d'un ensemble à n éléments ?*

Reprenons cette fois encore le modèle des $p$ boules indiscernables à répartir dans $n$ tiroirs. Soit $T = \{t_1, \ldots, t_n\}$ l'ensemble des $n$ tiroirs. On choisit ici de représenter une répartition des boules par une combinaison avec répétition de $p$ tiroirs, chaque tiroir étant répété autant de fois qu'il contient de boules.

Il y a autant de combinaisons avec répétition de $p$ éléments de $T$ que de répartitions des $p$ boules dans les tiroirs $t_1, \ldots, t_n$; c'est-à-dire $C_{n+p-1}^{n-1}$.

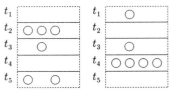

$[t_2, t_2, t_2, t_3, t_5, t_5]$  $[t_1, t_3, t_4, t_4, t_4, t_4]$

**N.B.** L'ordre ne compte pas :

$$[t_2, t_2, t_2, t_3, t_5, t_5] = [t_5, t_3, t_2, t_5, t_2, t_2] = [t_3, t_5, t_5, t_2, t_2, t_2] = \text{etc} \ldots$$

*Conclusion* : $\Gamma_n^p = C_{n+p-1}^{n-1} = C_{n+p-1}^p$.

## 1.3.2 surjections, nombre $S_{p,n}$

**Problème (1.3.8)**

De combien de façons peut-on répartir $p$ boules numérotées de $1$ à $p$ dans $n$ tiroirs?

La différence avec le problème 1.3.4 est que nous discernons maintenant les $p$ boules. Alors que seul nous intéressait tantôt le nombre de boules par tiroirs, nous regardons à présent quelles sont les boules contenues dans chacun.

Par exemple, si $n = 5$ et $p = 6$, nous distinguerons les deux répartitions suivantes:

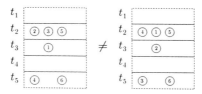

Il y a autant de répartitions possibles que d'applications de l'ensemble des boules $B = \{b_1, \ldots, b_p\}$ dans l'ensemble des tiroirs $T = \{t_1, \ldots, t_n\}$, c'est-à-dire $n^p$.

- Le nombre de répartitions où deux boules ne se retrouvent jamais dans le même tiroir est égal au nombre d'*injections* de $B$ dans $T$, c'est-à-dire $A_n^p$.
- Le nombre de répartitions où chaque tiroir est occupé est égal au nombre de *surjections* de $B$ dans $T$, noté $S_{p,n}$ et que nous allons calculer.

**Problème (1.3.9)**

Quel est le nombre $S_{p,n}$ de surjections d'un ensemble à $p$ éléments dans un ensemble à $n$ éléments?

- Si $p < n$, alors $S_{p,n} = 0$.
- Si $p = n$, alors $S_{n,n} = n!$ car une application d'un ensemble à $n$ éléments dans un ensemble à $n$ éléments est bijective si et seulement si elle est surjective (section 3.2.4).
- Si $p \geq n$, cherchons le nombre $S_{p,n}$ de répartitions de $p$ boules $b_1, \ldots, b_p$ dans $n$ tiroirs $t_1, \ldots, t_n$, telles qu'aucun tiroir ne reste vide.

Notons $R$ l'ensemble de telles répartitions, $\Omega$ l'ensemble de toutes les répartitions possibles et, pour $i \in [\![1,n]\!]$, $A_i$ l'ensemble des répartitions où le tiroir $t_i$ reste vide :

$$\operatorname{card} \Omega = n^p \quad , \quad \operatorname{card} R = S_{p,n} \quad , \quad \Omega \setminus R = A_1 \cup \cdots \cup A_n,$$

d'où
$$S_{p,n} = n^p - \operatorname{card}(A_1 \cup \cdots \cup A_n).$$

Calculons $\operatorname{card}(A_1 \cup \cdots \cup A_n)$ à l'aide de la formule du crible:

$$\operatorname{card}(A_1 \cup \cdots \cup A_n) = \sum_{i=1}^{n} \operatorname{card} A_i - \sum_{1 \leq i_1 < i_2 \leq n} \operatorname{card}(A_{i_1} \cap A_{i_2}) + \cdots$$
$$+ (-1)^{k-1} \sum_{1 \leq i_i < \cdots < i_k \leq n} \operatorname{card}(A_{i_1} \cap \cdots \cap A_{i_k}) + \cdots$$
$$+ (-1)^{n-1} \operatorname{card}(A_1 \cap \cdots \cap A_n)$$

Or, si $1 \leq i_1 < \cdots < i_k \leq n$, $\operatorname{card}(A_{i_1} \cap \cdots \cap A_{i_k})$ est le nombre de répartitions des $p$ boules dans les $(n{-}k)$ tiroirs de $\{t_1,\ldots,t_n\} \setminus \{t_{i_1},\ldots,t_{i_k}\}$, donc
$$\operatorname{card}(A_{i_1} \cap \cdots \cap A_{i_k}) = (n{-}k)^p$$

Ceci entraîne, d'après le théorème 1.2.5, que

$$\sum_{1 \leq i_1 < \cdots < i_k \leq n} \operatorname{card}(A_{i_1} \cap \cdots \cap A_{i_k}) = C_n^k (n{-}k)^p,$$

ainsi
$$\operatorname{card}(A_1 \cup \cdots \cup A_n) = \sum_{k=1}^{n} (-1)^{k-1} C_n^k (n{-}k)^p,$$

et donc finalement
$$S_{p,n} = \sum_{k=0}^{n} (-1)^k C_n^k (n{-}k)^p.$$

• DÉNOMBREMENT ET COMBINATOIRE •

## 1.3.3 chemins monotones

### Définition (1.3.10)

Soit $P$ le plan rapporté à un repère orthonormé $(0; \vec{i}, \vec{j})$.
On appelle *chemin monotone* toute ligne polygonale $M_0 M_1 \ldots M_n$ telle que :

$$\text{pour tout } k \in [\![1, n]\!] \quad, \quad \overrightarrow{M_{k-1} M_k} = \vec{i} \quad \text{ou} \quad \overrightarrow{M_{k-1} M_k} = \vec{j}.$$

□

### Problème (1.3.11)

Soient $a, b, c, d$ quatre entiers tels que $c \geq a \geq 0$ et $d \geq b \geq 0$.
1. Combien y a-t-il de chemins monotones de $0$ à $M|_b^a$ ?
2. Combien y a-t-il de chemins monotones de $M|_b^a$ à $N|_d^c$ ?
3. Combien y a-t-il de chemins monotones de $0$ à $N|_d^c$ passant par $M|_b^a$ ?

**Codage :** Soit $M_0$ un point quelconque fixé du plan $P$. On représente un chemin monotone $M_0 M_1 \ldots M_n$ d'origine $M_0$ par un mot de $n$ lettres $H$ ou $V$, la lettre $H$ correspondant à un pas horizontal $(\overrightarrow{M_{k-1} M_k} = \vec{i})$ et la lettre $V$ à un pas vertical $(\overrightarrow{M_{k-1} M_k} = \vec{j})$.

VHHVH

HVHHVV

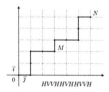
HVVHHVHHVVH

1. Il y a autant de chemins monotones de $0$ à $M|_b^a$ que de mots de $(a+b)$ lettres contenant $a$ lettres $H$ et $b$ lettres $V$, et autant de mots que de façons de choisir les $a$ places parmi $a+b$ qui seront occupées par la lettre $H$.
   **Conclusion :** Il y a $C_{a+b}^a = C_{a+b}^b$ chemins monotones de $0$ à $M|_b^a$.
2. Il y a autant de chemins monotones de $M|_b^a$ à $N|_d^c$ que de chemins monotones allant de $0$ à $P|_{d-b}^{c-a}$.
   **Conclusion :** Il y a $C_{c-a+d-b}^{c-a}$ chemins monotones de $M|_b^a$ à $N|_d^c$.
3. Il y a $C_{a+b}^a$ chemins de $0$ à $M$ et, une fois qu'on est arrivé à $M$, $C_{(c-a)+(d-b)}^{(c-a)}$ façons de se rendre en $N$, ce qui fait au total $C_{a+b}^a \times C_{(c-a)+(d-b)}^{(c-a)}$ possibilités.

• PROBLÈMES CLASSIQUES DE DÉNOMBREMENT •

Conclusion : Il y a $(C^a_{a+b})(C^{c-a}_{c-a+d-b})$ chemins monotones de 0 à $N|^c_d$ passant par $M|^a_b$.

**Problème** (1.3.12)

Soient $a$ et $b$ deux entiers tels que $a > b \geq 0$.
Combien y a-t-il de chemins monotones de 0 à $M|^a_b$ qui restent strictement au-dessous de la diagonale, c'est-à-dire qui ne la traversent ni ne la touchent ?

Notons $\Omega$ l'ensemble de tous les chemins possibles de 0 à $M$ et $\Omega'$ l'ensemble des chemins de 0 à $M$ qui touchent ou traversent la diagonale $D$.
Ce que nous cherchons, c'est

$$\mathrm{card}(\Omega \setminus \Omega') = \mathrm{card}\,\Omega - \mathrm{card}\,\Omega'.$$

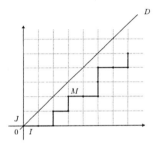

Nous connaissons $\mathrm{card}\,\Omega = C^a_{a+b}$, déterminons donc $\mathrm{card}\,\Omega'$ en utilisant le *Principe de symétrie de D'André et Lord Kelvin* (1887).
Il s'agit de partitionner $\Omega'$ en deux ensembles symétriques : $E$ contenant les chemins de $\Omega'$ qui passent par $I$, et $F$ contenant ceux qui passent par $J$. Il existe une bijection $s$ de $E$ dans $F$.

Considérons en effet un chemin quelconque $\mathscr{C}$ de $E$ et notons $P$ le dernier point de $\mathscr{C}$ qui touche la diagonale.
Associons à $\mathscr{C}$ le chemin $\mathscr{C}'$ : symétrique de $\mathscr{C}$ entre 0 et $P$ et confondu avec $\mathscr{C}$ entre $P$ et $M$.
On se persuade alors aisément que $s : \mathscr{C} \mapsto \mathscr{C}'$ est une bijection de $E$ dans $F$, d'où $\mathrm{card}\,E = \mathrm{card}\,F$

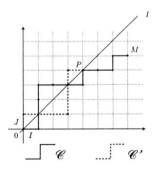

Or, puisque tout chemin passant par $J$ traverse forcément la diagonale pour rejoindre $M$, $F$ n'est autre que l'ensemble des chemins de 0 à $M$

passant par $J$, d'où

$$\operatorname{card} F = C_{a+b-1}^{a} \quad \text{(problème 1.3.11)}.$$

Ainsi,
$$\operatorname{card} \Omega' = \operatorname{card} E + \operatorname{card} F = 2C_{a+b-1}^{a}.$$

Conclusion : *il y a* $(C_{a+b}^{a} - 2C_{a+b-1}^{a})$ *chemins monotones de* 0 *à* $M|_{b}^{a}$ *qui restent strictement au-dessous de la diagonale.*

**Exemple (1.3.13)**

*Nombres de Bell*

*Soit* $E = \{e_1, ..., e_n\}$ *un ensemble non vide de cardinal* $n$. *On note* $\Pi(E)$ *l'ensemble des partitions en parties non vides de* $E$. *Autrement dit, un élément de* $\Pi(E)$ *est un ensemble* $\{A_1, ... A_k\}$ *de parties non vides de* $E$, *deux à deux disjointes, et dont la réunion est égale à* $E$ *(on conviendra de plus que* $A_1$ *désigne la partie contenant l'élément* $e_1$ *de* $E$*).*
*On définit* $\pi_n = \operatorname{card} \Pi(E)$ *et on appelle* $\pi_n$ *le <u>nombre de Bell</u> d'indice* $n$ *(par convention,* $\pi_0 = 1$*).*
Calculer $\pi_1$, $\pi_2$ et $\pi_3$.

Si $\operatorname{card} E = 1$, la seule partition en parties non vides de $E$ est $\{E\}$, donc
$$\pi_1 = 1.$$

Si $\operatorname{card} E = 2$, alors $E = \{e_1, e_2\}$, et les partitions en parties non vides de E sont $\{E\}$ et $\{\{e_1\}, \{e_2\}\}$
$$\pi_2 = 2.$$

Si $\operatorname{card} E = 3$, alors $E = \{e_1, e_2, e_3\}$, et les partitions en parties non vides de $E$ sont : $\{E\}, \{\{e_1\}, \{e_2, e_3\}\}, \{\{e_2\}, \{e_1, e_3\}\}, \{\{e_3\}, \{e_1, e_2\}\}, \{\{e_1\}, \{e_2\}, \{e_3\}\}$
$$\pi_3 = 5.$$

Déterminer, pour tout $p \in [\![1, n]\!]$, le nombre d'éléments de $\Pi(E)$ tels que
$$\operatorname{card} A_1 = p.$$

En déduire la relation :
$$\pi_n = \sum_{p=1}^{n} C_{n-1}^{p-1} \pi_{n-p}.$$

Il y a $C_{n-1}^{p-1}$ choix possibles pour la partie $A_1$, qui doit contenir $e_1$ ainsi que $p - 1$ autres éléments pris dans $E \setminus \{e_1\}$. Pour chacun de ces choix, il y a

$\pi_{n-p}$ façons de compléter $A_1$ en un élément de $\Pi(E)$, à l'aide d'un élément de $\Pi(\overline{A}_1)$ ($\overline{A}_1 = E \setminus A_1$).

Le nombre cherché est donc :
$$C_{n-1}^{p-1}\pi_{n-p}$$

Pour tout $p \in [\![1, n]\!]$, notons $\Pi_p(E)$ l'ensemble des éléments de $\Pi(E)$ tels que card $A_1 = p$. Nous venons de voir que $\Pi_p(E)$ a pour cardinal $C_{n-1}^{p-1}\pi_{n-p}$.

Or, il est clair que les $\Pi_p(E)$ sont deux à deux disjoints et que
$$\bigcup_{p=1}^{n} \Pi_p(E) = \Pi(E).$$

On a donc
$$\sum_{p=1}^{n} \operatorname{card}(\Pi_p(E)) = \operatorname{card}(\Pi(E)),$$

c'est-à-dire ,
$$\sum_{p=1}^{n} C_{n-1}^{p-1}\pi_{n-p} = \pi_n.$$

Calculer $\pi_4$ et $\pi_5$.

$$\pi_4 = C_3^0\pi_3 + C_3^1\pi_2 + C_3^2\pi_1 + C_3^3\pi_0 = 15$$
$$\pi_5 = C_4^0\pi_4 + C_4^1\pi_3 + C_4^2\pi_2 + C_4^3\pi_1 + C_4^4\pi_0 = 52.$$

**espaces probabilisés**

CHAPITRE 2

# espaces probabilisés

## 2.1 expérience aléatoire, modélisation
### 2.1.1 notion d'expérience aléatoire

Certains phénomènes sont prévisibles, d'autres pas :

- Vous lancez un dé et vous vous intéressez au nombre que porte sa face supérieure une fois qu'il s'est immobilisé. Si les six faces de votre dé portent l'as, alors vous êtes sûr d'obtenir l'as. Si par contre votre dé est un dé normal, vous ne pouvez prévoir si vous obtiendrez l'as, le deux, le trois, le quatre, le cinq ou le six.
- Un individu tire sur une cible. Si c'est la première fois qu'il manie un pistolet, vous ne pouvez prévoir s'il touchera ou non la cible. S'il s'agit au contraire d'un tireur expérimenté, vous serez prêt à parier que la cible sera atteinte, sans toutefois vous engager sur le point d'impact exact de la balle.

On dira qu'une expérience est *aléatoire* si la connaissance qu'on a des conditions initiales ne permet pas de prévoir avec certitude le résultat. Il est naturel d'interroger les raisons de cette indétermination : tient-elle à la nature même de l'expérience ou bien à l'insuffisance de nos connaissances, l'imprécision de l'information ou encore notre inaptitude à l'exploiter ?

Reprenons l'exemple de l'individu armé d'un pistolet et visant une cible qu'il a la possibilité soit de toucher, soit de rater.

Si vous connaissiez précisément au moment du tir la masse de la balle, sa vitesse à la sortie du canon et l'orientation de celui-ci, et si de plus vous étiez physicien, alors, des lois de la mécanique classique, vous déduiriez avec certitude le résultat de l'expérience (succès ou échec), quelques dixièmes de seconde avant qu'il ait été obtenu.

L'expérience, à partir de l'instant où le coup part, ne serait donc plus aléatoire, l'imprévisible restant seulement la position de l'arme au moment du tir.

Maintenant, ne peut-on imaginer (sans chercher à savoir dans un premier temps si cela est réalisable !) que vous ayez aussi une information suffisante concernant l'état mental du tireur, l'activité de ses neurones et sa tension musculaire pour déterminer à l'avance la position de tir qu'il adoptera ?

Est-il possible, ne fût-ce qu'en théorie, de reculer ainsi indéfiniment dans le temps l'intervention du hasard ?

Nous touchons là une question philosophique passionnante mais sans intérêt pour le probabiliste. Peu lui importe la théorie du déterminisme du moment que le résultat d'une expérience demeure pratiquement imprévisible. Son but est d'évaluer des risques, et les diverses chances d'obtenir différents résultats. Sa démarche sera la même quelles que soient l'origine et la nature de l'indétermination.

## 1.2 épreuve, univers

### Définition (2.1.1)

On appelle *épreuve* toute expérience susceptible d'être répétée dans des conditions a priori identiques et dont le résultat est un élément imprévisible d'un ensemble bien déterminé, appelé *univers* des possibles.

On a coutume de noter $\mathscr{E}$ une épreuve, et $\Omega$ l'univers associé.

***Remarque*** *(2.1.2) – Le cas où le résultat de l'épreuve est certain au lieu d'imprévisible sera considéré comme un cas particulier du cas général : celui où l'univers $\Omega$ est réduit à un élément.*

### Exemple (2.1.3)

**Epreuve $\mathscr{E}_1$**
On lance un dé honnête et on note le numéro obtenu, l'univers des possibles est :
$$\Omega_1 = \{1, 2, 3, 4, 5, 6\} = [\![1, 6]\!].$$

**Epreuve $\mathscr{E}_2$**
Une urne contient cinq jetons numérotés de 1 à 5 et deux jetons portant le numéro 6. On pioche un jeton au hasard dans l'urne et on note le numéro obtenu :
$$\Omega_2 = [\![1, 6]\!].$$

**Epreuve $\mathscr{E}_3$**
On lance deux dés honnêtes, un rouge et un bleu et on considère comme résultat le couple $(x, y)$ où $x$ est le numéro obtenu avec le dé rouge et $y$ celui obtenu avec le dé bleu :
$$\Omega_3 = [\![1, 6]\!]^2.$$

**Epreuve $\mathscr{E}_4$**
On lance une pièce de monnaie jusqu'à obtenir face et on considère comme ré-

sultat la suite $(P, P, P, \ldots, P, F)$ des lancers, en notant $w_k$ celle qui s'achève au $k^{\text{ème}}$ lancer.

Mais attention! N'oublions pas le cas théoriquement possible où on lance indéfiniment la pièce sans jamais obtenir face et notons $w_0$ la suite $(P, P, P, \ldots, P, \ldots)$ correspondant à ce cas. On a alors:

$$\Omega_4 = \{w_k \mid k \in \mathbb{N}\}.$$

**Epreuve $\mathscr{E}_5$**

On lance indéfiniment un dé honnête et on prend pour résultat la suite $(u_n)_{n \in \mathbb{N}^*}$ des numéros obtenus:

$$\Omega_5 = \{(u_n)_{n \in \mathbb{N}^*} \mid u_n \in [\![1,6]\!]\} \quad \text{noté aussi} \quad [\![1,6]\!]^{\mathbb{N}^*}.$$

**Epreuve $\mathscr{E}_6$**

On tire au hasard (mais sans possibilité de la rater) sur une cible $D$ qui est un disque de 30 centimètres de diamètre, et on rapporte le plan de la cible à un repère orthonormé $(0; \vec{i}, \vec{j})$, 0 désignant le centre de la cible, l'unité étant le centimètre.

On prend comme résultat les coordonnées cartésiennes $(x, y)$ du point d'impact $M$ de la balle : $\overrightarrow{OM} = x\,\vec{i} + y\,\vec{j}$. On peut considérer

$$\Omega_6 = [-15, 15] \times [-15, 15].$$

**Epreuve $\mathscr{E}_7$**

Même dispositif expérimental qu'à l'épreuve $\mathscr{E}_6$, mais on prend cette fois comme résultat les coordonnées polaires $(r, \theta)$ du point $M$ : $\overrightarrow{OM} = r(\cos\theta\,\vec{i} + \sin\theta\,\vec{j})$.

$$\Omega_7 = [0, 15] \times [0, 2\pi].$$

**Epreuve $\mathscr{E}_8$**

On tire au hasard un individu d'une population de $100\,000$ individus et on détermine sa taille en centimètres, au centimètre près. On peut considérer

$$\Omega_8 = \mathbb{N}.$$

**Epreuve $\mathscr{E}_9$**

On reprend l'expérience de l'épreuve $\mathscr{E}_8$, qui consiste à déterminer la taille en centimètres d'un individu, mais cette fois on ne limite plus a priori la précision. On peut alors considérer

$$\Omega_9 = \mathbb{R}_+.$$

**Remarques** (2.1.4) —

a. *L'univers peut être un ensemble* fini ($\Omega_1, \Omega_2, \Omega_3$), dénombrable ($\Omega_4, \Omega_8$), *ou* infini non dénombrable ($\Omega_5, \Omega_6, \Omega_7, \Omega_9$).

b. *L'univers associé à une épreuve peut être défini au sens large : il doit contenir tous les résultats qui peuvent être effectivement obtenus, mais il peut aussi en contenir d'autres, considérés eux aussi comme possibles, même s'ils ne doivent jamais être obtenus.*
En notant $\tilde{\Omega}_6$, $\tilde{\Omega}_8$, $\tilde{\Omega}_9$ *l'ensemble des résultats* effectivement possibles *de $\mathscr{E}_6$, $\mathscr{E}_8$, $\mathscr{E}_9$, on a :*
$$\tilde{\Omega}_6 = \left\{ (x,y) \in \mathbb{R}^2 \mid x^2 + y^2 \leq 15^2 \right\}$$
*et d'autre part:*
$$\tilde{\Omega}_8 \subset [\![20, 300]\!] \quad et \quad \tilde{\Omega}_9 \subset [20, 300],$$

*en effet le plus petit nouveau-né mesure plus de 20 centimètres, et il n'y a guère que les héros homériques de l'Iliade pour posséder une taille supérieure à 3 mètres!*

c. *L'univers des possibles peut être le même pour deux épreuves différentes ($\mathscr{E}_1$ et $\mathscr{E}_2$). Inversement, à un même dispositif expérimental peuvent correspondre plusieurs univers ($\mathscr{E}_8$ et $\mathscr{E}_9$). Aussi une épreuve sera-t-elle définie par:*

*– la donnée d'un dispositif expérimental avec ses conditions d'utilisation*
*– l'ensemble $\Omega$ des résultats considérés.*

d. *On a distingué les épreuves $\mathscr{E}_6$ et $\mathscr{E}_7$ en considérant à chaque fois des univers différents. Or il était possible de les confondre en une seule épreuve $\mathscr{E}$ en prenant pour résultat non plus les coordonnées cartésiennes ou polaires du point d'impact, mais le point d'impact lui-même; les coordonnées $x, y, r$ et $\theta$ étant dès lors regardées comme des* fonctions du résultat. *Ces fonctions sont appelées variables aléatoires*[1].

## 1.3 événement

**Définition** (2.1.5)

Etant donnée une épreuve $\mathscr{E}$ d'univers $\Omega$, un *événement associé à $\mathscr{E}$* est un événement dont on peut dire, pour chaque résultat de l'épreuve, s'il est réalisé ou non.

---

[1] *Probabilités continues et Probabilités discrètes*, collection PAVAGES

## Exemple (2.1.6)

Lançons deux dés honnêtes et désignons par $x$ et $y$ les numéros obtenus respectivement par le dé rouge et le dé bleu : $\Omega = [\![1,6]\!]^2$.

Soit l'événement $A$ : "la somme des numéros fait trois" et l'événement $A'$ : "le produit des numéros fait deux". Ces événements, apparemment différents, sont néanmoins réalisés pour les mêmes résultats de l'épreuve : $(1,2)$ et $(2,1)$. Ce qui permet de confondre $A$ et $A'$ en les identifiant tous deux au sous-ensemble de résultats pour lesquels ils sont réalisés :

$$A = \{(x,y) \in [\![1,6]\!]^2 \mid x+y = 3\} \quad \text{et} \quad A' = \{(x,y) \in [\![1,6]\!]^2 \mid xy = 2\},$$
$$A = A' = \{(1,2), (2,1)\}.$$

**Convention** : On identifie tout événement associé à $\mathscr{E}$ avec le sous-ensemble des résultats pour lesquels il est réalisé. *Tout événement est donc une partie de $\Omega$.*

Si $\Omega$ est fini ou dénombrable, l'ensemble des événements étudiés est $\mathscr{P}(\Omega)$ tout entier. Dans le cas où $\Omega$ n'est ni fini, ni dénombrable, l'ensemble $\mathscr{A}$ des événements étudiés est seulement inclus dans $\mathscr{P}(\Omega)$. Nous reviendrons sur ce point par la suite.

### intersection et réunion d'événements

En accord avec la convention ci-dessus, $A$ et $B$ désignant deux événements associés à l'épreuve $\mathscr{E}$, il s'ensuit que :

$A \cap B$ *désigne l'événement ($A$ et $B$) qui est réalisé lorsqu'à la fois $A$ et $B$ sont réalisés.*

$A \cup B$ *désigne l'événement ($A$ ou $B$) qui est réalisé lorsque l'un au moins des deux événements est réalisé.*

Plus généralement, si les $(A_i)_{i \in I}$ désignent une famille d'événements associés à $\mathscr{E}$,

$\bigcap_{i \in I} A_i$ est réalisé lorsque tous les événements $A_i$ sont réalisés,
$\bigcup_{i \in I} A_i$ est réalisé lorsque l'un au moins des événements $A_i$ est réalisé.

### Exemple (2.1.7)

**a.** On lance un dé honnête et on note $A$ et $B$ les événements

$A$ : "on obtient un numéro pair"  $\qquad B$ : "on obtient un multiple de trois"
$A = \{2, 4, 6\}$ $\qquad\qquad\qquad\qquad B = \{3, 6\}$

$A \cap B$ désigne l'événement "on obtient un multiple pair de 3"
$$A \cap B = \{6\}.$$
$A \cup B$ désigne l'événement "on obtient un nombre pair ou un multiple de 3"
$$A \cup B = \{2, 3, 4, 6\}.$$

b. On lance trois fois un dé honnête et on note la suite $(x, y, z)$ des numéros obtenus. $\Omega = [\![1, 6]\!]^3$. Soit $A_i$ l'événement "on obtient un as au $i^{\text{ème}}$ lancer", $i \in \{1, 2, 3\}$.
$A_1 \cap A_2 \cap A_3$ désigne l'événement "on obtient un as aux trois lancers".
$A_1 \cup A_2 \cup A_3$ désigne l'événement "on obtient au moins un as au cours des trois lancers".
En identifiant les événements à des parties de $\Omega$, on a :
$$A_1 = \{1\} \times [\![1, 6]\!] \times [\![1, 6]\!], \quad A_2 = [\![1, 6]\!] \times \{1\} \times [\![1, 6]\!], \quad A_3 = [\![1, 6]\!] \times [\![1, 6]\!] \times \{1\}$$
$$A_1 \cap A_2 \cap A_3 = \{(1, 1, 1)\}$$
$$A_1 \cup A_2 \cup A_3 = \Omega \setminus [\![2, 6]\!]^3.$$

## vocabulaire probabiliste

- $\Omega$ est *l'événement certain* : il est réalisé quel que soit le résultat de l'épreuve.
- $\varnothing$ est *l'événement impossible* : quel que soit le résultat de l'épreuve, il n'est pas réalisé.
- Pour tout $\omega$ élément de $\Omega$, $\{\omega\}$ est un *événement élémentaire* : il est réalisé pour le seul résultat $\omega$ de l'épreuve.
- Si $A$ est un événement $\overline{A} = \Omega \setminus A$ est *l'événement contraire* ou *complémentaire* de $A$ : il est réalisé lorsque $A$ ne l'est pas.
- $A \subset B$ signifie que $A$ *implique* $B$ : lorsque $A$ est réalisé, alors $B$ est réalisé aussi.
- $A \cap B = \varnothing$ signifie que $A$ et $B$ sont *incompatibles* : aucun résultat ne permet qu'à la fois $A$ et $B$ soient réalisés.
- $\{A_i \mid i \in I\}$ étant un ensemble d'événements, les $A_i$ sont dits *deux à deux incompatibles* lorsque $A_i \cap A_j = \varnothing$ pour $i \neq j$.

## Exemple (2.1.8)

a. On lance un dé honnête :
l'événement : "on obtient un entier" est certain
l'événement : "on obtient un sept" est impossible

l'événement : "on obtient un multiple pair de trois" est l'événement élémentaire $\{6\}$

l'événement : "on obtient un nombre impair" est l'événement contraire de "on obtient un nombre pair"

l'événement : "on obtient un multiple de trois" implique l'événement "on obtient un numéro supérieur ou égal à trois" :

$$\{3,6\} \subset \{3,4,5,6\}.$$

b. On lance deux fois un dé honnête et on note la suite $(x,y)$ des numéros obtenus. $\Omega = [\![1,6]\!]^2$. Soit $A, B, C$ les événements "on obtient au moins un as", "on obtient au moins un 2", "on obtient au moins un 3".

$A \cap B \cap C = \varnothing$ mais $A, B, C$ ne sont pas deux à deux incompatibles.

## système complet d'événements

### Définition (2.1.9)

 Etant donnée une épreuve $\mathscr{E}$ d'univers $\Omega$, on appelle *système complet d'événements* tout ensemble $\{A_i \mid i \in I\}$ fini ou dénombrable d'événements deux à deux incompatibles dont la réunion est $\Omega$.

### *Formulations équivalentes*

$\{A_i \mid i \in I\}$ étant un ensemble fini ou dénombrable d'événements, c'est un système complet d'événements si et seulement si l'une des trois conditions équivalentes suivantes est réalisée :

i. $\bigcup_{i \in I} A_i = \Omega$ et pour $i \neq j$, $A_i \cap A_j = \varnothing$.
ii. $\{A_i \mid i \in I\}$ est une partition de $\Omega$.
iii. Pour chaque résultat de l'épreuve, un et un seul des $A_i$ est réalisé.

### *Cas particulier très fréquent*

Si $A$ est un événement, alors $\{A, \overline{A}\}$ est un système complet d'événements.

### Exemple (2.1.10)

a. On lance deux dés honnêtes, un rouge et un bleu, et on note $S_i$ l'événement : "la somme des points fait $i$", $i \in [\![2,12]\!]$.

Il y a plusieurs façons de définir l'univers $\Omega$ : si l'on prend pour résultat la somme des numéros des deux dés, alors $\Omega = [\![2,12]\!]$ ; une autre possibilité est de définir un résultat de l'épreuve comme le couple $(x, y)$, où $x$ et $y$ désignent respectivement les numéros du dé rouge et du dé bleu, alors $\Omega = [\![1, 6]\!]^2$.

Suivant que l'on considère l'un ou l'autre de ces univers, les événements $S_i$ seront identifiés à des sous-ensembles de $[\![2, 12]\!]$ ou de $[\![1, 6]\!]^2$ :

- si $\Omega = [\![2, 12]\!]$ , $S_i = \{i\}$
- si $\Omega = [\![1, 6]\!]^2$ , $S_i = \{(1, i-1); (2, i-2); \ldots; (i-1, 1)\}$

Mais ce qui est remarquable, c'est que dans tous les cas, $\{S_i \mid i \in [\![2, 12]\!]\}$ est un système complet d'événements.

**b.** Soit $U_1, U_2, \ldots, U_n$ $n$ urnes de compositions différentes : pour $i \in [\![1, n]\!]$, $U_i$ contient $a_i$ boules blanches et $b_i$ boules noires. On choisit au hasard l'une des urnes et on en tire une boule.

- Pour $i \in [\![1, n]\!]$, notons $U_i$ l'événement : "le tirage a lieu dans l'urne $U_i$". $\{U_1, \ldots, U_n\}$ est alors un système complet d'événements.
- Notons à présent $B$ et $N$ les événements "la boule tirée est blanche" et "la boule tirée est noire".

$\{B, N\}$ est lui aussi un système complet d'événements, $N = \overline{B}$.

## 2.2 probabilité

### 2.2.1 notion de probabilité

Soit $\mathscr{E}$ une épreuve d'univers $\Omega$ et $A$ un événement associé à $\mathscr{E}$ ($A \in \mathscr{P}(\Omega)$).

Répétons $n$ fois puis $n'$ fois l'épreuve $\mathscr{E}$ et notons $n_A$ et $n'_A$ le nombre de réalisations de $A$ au cours de ces deux séries : on constate que les fréquences $f_A = n_A/n$ et $f'_A = n'_A/n'$ sont peu différentes, et elles le seront d'autant moins que $n$ et $n'$ seront plus grands.

Ceci laisse penser que sur une série illimitée (et donc hypothétique) d'épreuves, la fréquence relative de $A$ sur les $n$ premières épreuves tendra, quand $n$ tend vers l'infini, vers un nombre déterminé, attaché à l'événement, et indépendant de la série particulière considérée. C'est ce nombre, dont nous admettons l'existence, mais dont la valeur exacte demeure inconnue, que nous appelons *probabilité de l'événement A*.

A priori, rien de choquant : la probabilité d'un événement sera d'autant plus grande qu'il se produira plus souvent.

Cette définition approximative de la probabilité comme une "fréquence limite", n'est qu'un effort pour mieux cerner une notion qu'intuitivement nous possédons déjà. Mais elle va nous guider pour la définition d'une probabilité mathématique $P$. On exigera notamment que celle-ci satisfasse certaines propriétés caractéristiques des fréquences :

i. La probabilité $P(A)$ d'un événement $A$ quelconque sera un nombre compris entre 0 et 1.

ii. La probabilité $P(\Omega)$ de l'événement certain sera égale à 1.

iii. La probabilité $P(A \cup B)$ de l'union disjointe de deux événements incompatibles $A$ et $B$ sera égale à la somme $P(A) + P(B)$ des probabilités.

Naturellement, on voudra aussi que le modèle mathématique rende compte de la réalité expérimentale et permette certaines prévisions.

Nous serons ainsi amenés, dans le cas d'un univers $\Omega$ fini ou dénombrable, à élaborer une *définition constructive* de la probabilité. Puis nous en donnerons une *définition axiomatique*, qui elle, sera valable dans tous les cas, notamment dans celui où $\Omega$ n'est ni fini ni dénombrable.

## 2.2.2 probabilité sur les univers finis, équiprobabilité

Dans cette section, $\mathscr{E}$ désigne une épreuve dont l'ensemble des résultats possibles $\Omega = \{\omega_1, \ldots, \omega_n\}$ est fini et non vide.

### Définition (2.2.1)

On appelle *distribution de probabilité* sur $\Omega$ toute suite $p = (p_1, \ldots, p_n)$ de nombres attachés aux résultats $\omega_1, \ldots, \omega_n$ et vérifiant :

i. $\forall\ k \in [\![1, n]\!]\,, \quad p_k \geq 0$

ii. $\sum_{k=1}^{n} p_k = 1$

$p_k$ représente la probabilité d'obtenir le résultat $\omega_k$.

Si $A = \{\omega_{k_1}, \ldots, \omega_{k_p}\}$ est un événement associé à $\mathscr{E}$, alors il est la réunion disjointe des événements élémentaires $\{\omega_{k_1}\}, \ldots, \{\omega_{k_p}\}$ qui sont évidemment deux à deux incompatibles.

Aussi, pour que la propriété iii énoncée dans la section précédente soit satisfaite, on définira la probabilité de $A$ par :

$$P(A) = p_{k_1} + \cdots + p_{k_p}.$$

**Définition (2.2.2)**

On appelle *probabilité* sur $\Omega$ l'application $P : \mathscr{P}(\Omega) \to \mathbb{R}$ définie par :

$$P(A) = \sum_{\omega_k \in A} p_k$$

où $(p_1, \ldots, p_n)$ est une distribution de probabilité sur $\Omega$.
De cette définition découlent aussitôt les propriétés souhaitées :

i. $0 \leq P(A) \leq 1$, pour tout événement $A$ élément de $\mathscr{P}(\Omega)$.
ii. $P(\Omega) = \sum_{k=1}^{n} p_k = 1$.
iii. Si $A_1, \ldots, A_m$ sont $m$ événements deux à deux compatibles, alors

$$P(A_1 \cup \cdots \cup A_m) = P(A_1) + \cdots + P(A_m).$$

**Exemple (2.2.3)**

Une urne contient sept jetons dont cinq numérotés de 1 à 5 et deux portant le numéro 6. On tire au hasard un jeton de l'urne. $\Omega = [\![1, 6]\!]$.
Quelle est la probabilité d'obtenir un numéro pair ?

On considère sur $\Omega$ la distribution de probabilité $(p_1, p_2, p_3, p_4, p_5, p_6)$ définie par :
$$p_1 = p_2 = p_3 = p_4 = p_5 = \frac{1}{7} \quad \text{et} \quad p_6 = \frac{2}{7}.$$
La probabilité d'obtenir un numéro pair est alors :
$$P(\{2, 4, 6\}) = p_2 + p_4 + p_6 = \frac{4}{7}.$$

### choix d'une distribution de probabilité sur un univers fini

Nous venons de voir qu'à partir de n'importe quelle suite $(p_1, \ldots, p_n)$ de nombres positifs ou nuls vérifiant $p_1 + \cdots + p_n = 1$, on définit une application $P$ appelée probabilité sur $\Omega = \{\omega_1, \ldots, \omega_n\}$. Or, nous voulons qu'en plus, cette application rende compte de la réalité expérimentale. Pour cela, il nous faudra choisir des valeurs $p_1, \ldots, p_n$ non pas arbitraires, mais correspondant le mieux possible à la probabilité réelle d'obtenir les résultats $\omega_1, \ldots, \omega_n$. Nous voyons deux façons d'arriver à ce choix :

1. Répéter l'épreuve $\mathscr{E}$ un grand nombre de fois et prendre, pour valeurs de $p_1, \ldots, p_n$, les *fréquences relatives* $f_1, \ldots, f_n$ avec lesquelles sont obtenus les résultats $\omega_1, \ldots, \omega_n$.
2. Analyser le dispositif expérimental et, par des considérations de sy-

• ESPACES PROBABILISÉS •

métrie, déterminer des *valeurs a priori* de $p_1, \ldots, p_n$ selon le principe que :
- si un résultat $\omega_k$ ne peut être obtenu, alors $p_k = 0$
- $\omega_i$ et $\omega_j$ étant deux résultats possibles, s'il n'y a pas de raison que l'un soit obtenu plus souvent que l'autre, alors $p_i = p_j$.

En particulier, si tous les résultats $\omega_1, \ldots, \omega_n$ ont même chance a priori d'être obtenu, on pose :

$$p_1 = \cdots = p_n = \frac{1}{n},$$

ce choix correspond à ce qu'on appelle *l'hypothèse d'équiprobabilité* des résultats.

### l'hypothèse d'équiprobabilité

Elle joue un rôle fondamental dans l'étude des probabilités sur les univers finis. Tous les problèmes étudiés au dernier paragraphe de ce chapitre s'y rapportent.

*L'hypothèse d'équiprobabilité* consiste à attribuer à chaque résultat la même probabilité, lorsqu'il n'y a pas de raison d'en privilégier un par rapport aux autres. Puisqu'il faut par ailleurs que la somme $p_1 + \cdots + p_n$ fasse 1, il en résulte la distribution de probabilité :

$$p_1 = \cdots = p_n = \frac{1}{n} = \frac{1}{\operatorname{card}\Omega}.$$

Celle-ci définit la probabilité $P$ dite *probabilité uniforme* sur $\Omega$, qui à tout événement $A$, c'est-à-dire à toute partie de $\Omega$, associe la probabilité

$$P(A) = \sum_{\omega_k \in A} p_k = \frac{\operatorname{card} A}{\operatorname{card} \Omega} = \frac{\text{nombre de cas favorables à } A}{\text{nombre de cas possibles}}.$$

**Exemple** (2.2.4)

a. Si on lance un dé honnête, il n'y a pas de raison d'obtenir un nombre plus souvent qu'un autre. On considère donc qu'il y a équiprobabilité sur l'univers des possibles $\Omega = [\![1, 6]\!]$. La probabilité d'obtenir un résultat pair est alors :

$$P(B) = \frac{\operatorname{card} B}{\operatorname{card} \Omega} = \frac{3}{6} = \frac{1}{2}, \quad \text{où} \quad B = \{2, 4, 6\}.$$

b. Un joueur de poker reçoit une main de cinq cartes d'un jeu de 32 cartes. A priori il n'y a pas de raison qu'il obtienne cinq cartes plutôt que cinq autres. On

• PROBABILITÉ •

considère donc qu'il y a équiprobabilité sur l'ensemble $\Omega$ de toutes les mains possibles.
Quelle est la probabilité $p$ que le joueur ait exactement deux reines dans sa main ?

$$p = \frac{\text{nombre de mains contenant exactement deux reines}}{\text{nombre de mains possibles}}$$
$$= \frac{C_4^2 \times C_{28}^3}{C_{32}^5} = \frac{351}{3596} \simeq 0,0976.$$

### choix d'un univers de résultats équiprobables

Etant donnée une épreuve $\mathscr{E}$, il y a plusieurs façons de définir un résultat de $\mathscr{E}$. Pour calculer la probabilité d'un événement $A$ associé à $\mathscr{E}$, on a souvent intérêt à définir les résultats de façon à ce qu'ils soient équiprobables.

Il ne reste plus alors qu'à déterminer card $A$, car on a :

$$P(A) = \frac{\text{card } A}{\text{card } \Omega}.$$

**Exemple** (2.2.5)

On lance deux dés honnêtes, un rouge et un bleu, et on cherche la probabilité que la somme des numéros fasse 6.
Si on prend comme résultat de l'épreuve la somme des numéros, alors l'univers est $\Omega = [\![2, 12]\!]$ mais il n'y a aucune raison de croire que ces résultats sont équiprobables. D'ailleurs, ils ne le sont pas !
Par contre, si on définit un résultat de l'épreuve comme le couple $(x, y)$ où $x$ est le numéro du dé rouge et $y$ le numéro du dé bleu, alors $\Omega = [\![1, 6]\!]^2$, et on peut considérer cette fois qu'il y a équiprobabilité des résultats.
Notons $A$ l'événement : "la somme des numéros fait 6"

$$A = \{(x,y) \in [\![1,6]\!]^2 \mid x+y = 6\} = \{(i, 6-i) \mid i \in [\![1,5]\!]\}$$

De card $A = 5$, on déduit alors

$$P(A) = \frac{\text{card } A}{\text{card } \Omega} = \frac{5}{36} \simeq 0,139.$$

• ESPACES PROBABILISÉS •

A l'origine des réflexions de Pascal sur la combinatoire et les probabilités se trouvent les questions que lui pose son ami le chevalier de Méré sur ses chances de gain dans des jeux de hasard. Il lui soumet en particulier le problème suivant : on lance n fois deux dés à six faces; pour gagner, il faut obtenir au moins un double six. Quel nombre n minimum de coups faut-il jouer pour avoir plus de chances de gagner que de perdre ? Pascal lui répond qu'il faut jouer au moins 25 coups. Pour cela, il a évalué la probabilité de gagner comme étant le rapport du nombre de cas favorables sur le nombre total de cas. Celle-ci est alors égale à $1 - (35/36)^n$ et dépasse la valeur 1/2 lorsque n est supérieur ou égal à 25. Pascal utilise ici implicitement la notion d'équiprobabilité.

### 2.2.3 probabilité sur les univers dénombrables

Dans cette section, $\mathscr{E}$ est une épreuve dont l'univers $\Omega$ est dénombrable et peut donc être indexé par $\mathbb{N}$. On notera $\Omega = \{\omega_k \mid k \in \mathbb{N}\}$.

La définition et les propriétés d'une probabilité sur $\Omega$ ne seront qu'une *généralisation* très simple de ce que nous avons énoncé dans le cas d'un univers fini.

**Définition (2.2.6)**

Une *distribution de probabilité* sur $\Omega$ est une suite $p = (p_k)_{k \in \mathbb{N}}$ de nombres attachés aux résultats $\omega_k$, vérifiant :

i. $\forall\, k \in \mathbb{N}, \quad p_k \geq 0$

ii. $\displaystyle\sum_{k=0}^{+\infty} p_k = 1$.

**Définition (2.2.7)**

On appelle *probabilité* sur $\Omega$ l'application $P : \mathscr{P}(\Omega) \to \mathbb{R}$ définie par :

$$P(A) = \sum_{\omega_k \in A} p_k$$

où $(p_k)_{k \in \mathbb{N}}$ est une distribution de probabilité sur $\Omega$.

La probabilité $P$ satisfait bien les conditions requises :

i. $0 \leq P(A) \leq 1$, pour tout événement $A$ élément de $\mathscr{P}(\Omega)$.

ii. $P(\Omega) = \displaystyle\sum_{k=0}^{+\infty} p_k = 1$.

iii. Si $(A_i)_{i \in I}$ est une famille finie ou dénombrable d'événements deux à deux incompatibles, alors

$$P\left(\bigcup_{i \in I} A_i\right) = \sum_{i \in I} P(A_i).$$

Comme pour le cas fini, les propriétés i, ii et iii découlent simplement de la définition d'une probabilité.

### Exemple (2.2.8)

On lance une pièce de monnaie jusqu'à obtenir pile. Soit $\omega_k$ le résultat : "on obtient pile au $k^{\text{ème}}$ lancer", et $w_0$ le résultat : "on n'obtient jamais pile". L'univers est $\Omega = \{\omega_k \mid k \in \mathbb{N}\}$.
En posant

$$p_k = \frac{1}{3}\left(\frac{2}{3}\right)^{k-1}, \text{ si } k \in \mathbb{N}^* \quad \text{et} \quad p_0 = 0,$$

on définit bien une distribution de probabilité sur $\Omega$ puisque ces nombres sont positifs et

$$\sum_{k=0}^{+\infty} p_k = \frac{1}{3} \sum_{k=1}^{+\infty} \left(\frac{2}{3}\right)^{k-1} = 1.$$

La probabilité d'obtenir pile au bout d'un nombre pair de lancers est alors

$$P(\{\omega_{2k} \mid k \in \mathbb{N}^*\}) = \sum_{k=1}^{+\infty} p_{2k} = \frac{1}{3}\sum_{k=1}^{+\infty}\left(\frac{2}{3}\right)^{2k-1} = \frac{2}{5}.$$

### choix d'une distribution de probabilité sur un univers dénombrable

Le choix d'une distribution de probabilité détermine, lorsque l'univers $\Omega$ est fini ou dénombrable, la probabilité sur $\Omega$.

Si $\Omega = \{\omega_k \mid k \in \mathbb{N}\}$, il s'agit d'attribuer à chaque résultat $\omega_k$, un nombre *positif* $p_k$ qui soit une approximation raisonnable de la probabilité réelle que $\omega_k$ soit obtenu ; après quoi l'on vérifie que

$$\sum_{k=0}^{+\infty} p_k = 1.$$

Notons que si $(u_k)_{k \in \mathbb{N}}$ est une suite de réels positifs telle que la série $\sum u_k$ converge et sa somme $S = \sum_{k=0}^{+\infty} u_k$ soit strictement positive, alors $(u_k/S)_{k \in \mathbb{N}}$ est une distribution de probabilité.

### Exemple (2.2.9)

a. Distribution géométrique :

$$p_k = pq^{k-1}, \text{ si } k \in \mathbb{N}^* \quad \text{et} \quad p_0 = 0 \quad (p \in ]0,1[ \text{ et } q = 1-p).$$

**b.** Distribution de Poisson :

$$p_k = e^{-\lambda} \frac{\lambda^k}{k!}, \quad \text{pour tout} \quad k \in \mathbb{N} \quad (\lambda \in \mathbb{R}_+^*).$$

### 2.2.4 espaces probabilisés

Si $\mathcal{E}$ est une épreuve dont l'univers $\Omega$ n'est ni fini, ni dénombrable (par exemple, $\Omega$ est un intervalle de $\mathbb{R}$ non vide et non réduit à un point), alors il est impossible de construire une probabilité $P$ comme nous l'avons fait jusqu'ici, à partir d'une distribution de probabilité sur $\Omega$. Nous verrons même des cas où $P$ ne saurait être définie sur $\mathscr{P}(\Omega)$ tout entier mais seulement sur un sous-ensemble $\mathscr{A}$ de $\mathscr{P}(\Omega)$, appelé tribu ou $\sigma$-algèbre d'événements. Dans la pratique cependant, nous admettrons que tous les événements étudiés ont une probabilité.

#### définition axiomatique d'une probabilité

**Définition (2.2.10)**

Soient $\mathcal{E}$ une épreuve et $\Omega$ l'univers associé. On appelle *tribu* ou $\sigma$-*algèbre d'événements*, tout sous-ensemble $\mathscr{A}$ de $\mathscr{P}(\Omega)$ contenant $\Omega$, stable par passage au complémentaire ainsi que par union finie ou dénombrable.

Autrement dit, $\mathscr{A}$ est une tribu d'événements si et seulement si $\mathscr{A}$ vérifie les quatre propriétés suivantes

i. $\mathscr{A} \subset \mathscr{P}(\Omega)$
ii. $\Omega \in \mathscr{A}$
iii. $A \in \mathscr{A} \Rightarrow \overline{A} = \Omega \setminus A \in \mathscr{A}$
iv. Pour toute famille finie ou dénombrable $(A_i)_{i \in I}$ d'éléments de $\mathscr{A}$,

$$\bigcup_{i \in I} A_i \in \mathscr{A}.$$

□

**Proposition (2.2.11)**

Si $\mathscr{A}$ est une tribu d'événements, alors :

i. $\varnothing \in \mathscr{A}$.
ii. Pour toute famille finie ou dénombrable $(A_i)_{i \in I}$ d'éléments de $\mathscr{A}$,

$$\bigcap_{i \in I} A_i \in \mathscr{A}.$$

iii. $(A, B) \in \mathscr{A}^2 \Rightarrow A \setminus B \in \mathscr{A}$.

**Preuve**

i. $\varnothing = \overline{\Omega}$, or $\Omega$ appartient à $\mathscr{A}$, donc son complémentaire $\overline{\Omega}$ appartient aussi à $\mathscr{A}$.
ii. $\bigcap_{i \in I} A_i = \overline{\bigcup_{i \in I} \overline{A_i}}$, or les $A_i$, donc les $\overline{A_i}$, appartiennent à $\mathscr{A}$, ce qui entraîne que la réunion des $\overline{A_i}$ et aussi le complémentaire $\overline{\bigcup_{i \in I} \overline{A_i}}$ de cette réunion appartiennent à $\mathscr{A}$.
iii. $A \setminus B = A \cap \overline{B}$, or $A, B$ et $\overline{B}$ appartiennent à $\mathscr{A}$, ce qui entraîne, d'après la propriété ii que nous venons de démontrer, que $A \cap \overline{B}$ appartient à $\mathscr{A}$. ∎

**Exemple (2.2.12)**

a. $\mathscr{P}(\Omega)$ est une tribu d'événements : c'est celle que nous considérerons chaque fois que $\Omega$ sera fini ou dénombrable.
b. $\{\varnothing, \Omega\}$ est une tribu d'événements : c'est la plus petite, contenue dans toutes les autres.
c. Si $A$ est un événement, alors $\{\varnothing, \Omega, A, \overline{A}\}$ est une tribu d'événement dite tribu engendrée par $A$ parce que c'est la plus petite tribu contenant $A$ : toute autre tribu $\mathscr{A}$ contenant $A$ vérifiera $\{\varnothing, \Omega, A, \overline{A}\} \subset \mathscr{A}$.
d. Si $\Omega = \mathbb{R}$, alors on appelle tribu borélienne, notée $\mathscr{B}(\mathbb{R})$, la tribu engendrée par les intervalles ouverts, bornés ou non.

**Définition (2.2.13)**

Soient $\mathscr{E}$ une épreuve d'univers $\Omega$, et $\mathscr{A}$ une tribu d'événements. On appelle *probabilité* sur $(\Omega, \mathscr{A})$ toute application $P : \mathscr{A} \to \mathbb{R}$ vérifiant :

i. $0 \leq P(A) \leq 1$, pour tout événement $A$ élément de $\mathscr{A}$.
ii. $P(\Omega) = 1$.
iii. Pour toute famille finie ou dénombrable $(A_i)_{i \in I}$ d'événements de $\mathscr{A}$ deux à deux incompatibles,

$$P\left(\bigcup_{i \in I} A_i\right) = \sum_{i \in I} P(A_i).$$

$(\Omega, \mathscr{A}, P)$ est alors appelé *espace probabilisé*.

**Remarques** (2.2.14) —

  a. Cette définition axiomatique d'une probabilité a un sens par le fait que $\mathscr{A}$ est une tribu :

   ii. a un sens parce que $\Omega \in \mathscr{A}$.
   iii. a un sens parce que $\mathscr{A}$ est stable par union finie ou dénombrable.

  b. Si $\Omega$ est fini ou dénombrable et $P$ est une probabilité répondant aux définitions 2.2.2 ou 2.2.7, alors $P$ est une probabilité sur $(\Omega, \mathscr{P}(\Omega))$ au sens de la définition 2.2.13.
  Réciproquement, si $\Omega$ est un univers fini ou dénombrable dont les éléments sont notés $\omega_k$ et si $P$ est une probabilité sur $(\Omega, \mathscr{P}(\Omega))$ selon la définition 2.2.13, alors en posant :
$$p_k = P(\{w_k\}),$$
on définit une distribution de probabilité sur $\Omega$ telle que :
$$\forall\ A \in \mathscr{P}(\Omega)\,,\quad P(A) = \sum_{\omega_k \in A} p_k\,.$$

**Conclusion** : Dans le cas d'un univers $\Omega$ fini ou dénombrable, où la tribu d'événements considérée est toujours $\mathscr{P}(\Omega)$, les définitions 2.2.2 et 2.2.7 d'une part et la définition 2.2.13 d'autre part, sont équivalentes.

**N.B.**  Nous insistons sur le fait qu'en pratique tous les événements étudiés auront une probabilité. Le lecteur pourra donc sans danger résoudre les problèmes qui lui seront soumis en oubliant la définition 2.2.10 d'une tribu et en retenant simplement qu'une probabilité s'applique à des événements (assimilés à des sous-ensembles de résultats) et vérifie les propriétés suivantes :

  i. La probabilité d'un événement est un nombre compris entre 0 et 1.
  ii. La probabilité $P(\Omega)$ de l'événement certain vaut 1.
  iii. La probabilité d'une union $\bigcup_{i \in I} A_i$ finie ou dénombrable d'événements deux à deux incompatibles est :
$$P\!\left(\bigcup_{i \in I} A_i\right) = \sum_{i \in I} P(A_i)\,.$$

## .2.5 propriétés d'une probabilité

Dans tout ce paragraphe, on considère un espace probabilisé $(\Omega, \mathscr{A}, P)$ associé à une épreuve $\mathscr{E}$. L'univers $\Omega$ est l'ensemble des résultats possibles de l'épreuve. La probabilité $P$ s'applique aux éléments de $\mathscr{A}$ qu'on appelle événements et qui sont des parties de $\Omega$.

### premières propriétés d'une probabilité

**Propriétés (2.2.15)**

i. $P(\varnothing) = 0$
ii. $P(\overline{A}) = 1 - P(A)$
iii. $P(B \setminus A) = P(B) - P(B \cap A)$
iv. $A \subset B \Rightarrow (P(A) \leq P(B)$ et $P(B \setminus A) = P(B) - P(A))$
v. $P(A \cup B) = P(A) + P(B) - P(A \cap B)$
vi. $P(A_1 \cup A_2 \cup \cdots \cup A_m) \leq P(A_1) + P(A_2) + \cdots + P(A_m)$.

**Preuve**

i. est un cas particulier de ii : $P(\varnothing) = P(\overline{\Omega}) = 1 - P(\Omega) = 0$.

ii. Un événement $A$ et son événement contraire $\overline{A}$ sont incompatibles, donc
$$P(A) + P(\overline{A}) = P(A \cup \overline{A}) = P(\Omega) = 1$$
d'où $P(\overline{A}) = 1 - P(A)$.

iii. $A$ et $B$ étant deux événements, $B \cap A$ et $B \setminus A$ sont deux événements incompatibles dont la réunion est $B$, d'où
$$P(B \setminus A) + P(B \cap A) = P(B).$$

iv. Si un événement $A$ en implique un autre $B$, ce qui s'écrit $A \subset B$, alors $B$ est la réunion disjointe des deux événements incompatibles $A$ et $B \setminus A$, d'où
$$P(B) = P(A) + P(B \setminus A).$$

Il s'ensuit
$$P(B) \geq P(A) \quad \text{et} \quad P(B) - P(A) = P(B \setminus A).$$

v. La réunion de deux événements $A$ et $B$ n'est autre que la réunion disjointe de $A$ et de $B \setminus A$, d'où, en utilisant iii,

$$P(A \cup B) = P(A) + P(B \setminus A)$$
$$= P(A) + P(B) - P(A \cap B).$$

vi. $P(A_1 \cup A_2) = P(A_1) + P(A_2) - P(A_1 \cap A_2) \leq P(A_1) + P(A_2)$. La propriété se démontre alors par récurrence à partir du rang 2. ∎

### formule du crible

Elle sert à calculer la probabilité d'une union d'événements lorsque ceux-ci ne sont pas deux à deux incompatibles. Nous en verrons l'application aux problèmes 2.3.4 et 2.3.6 de la partie 2.3.

### Proposition (2.2.16)

$A_1, A_1, \ldots, A_m$ désignant $m$ événements quelconques, on a :

$$P(A_1 \cup A_2 \cup \cdots \cup A_m) = \sum_{k=1}^{m}(-1)^{k-1}S_k, \quad \text{où} \quad S_k = \sum_{1 \leq i_1 < \cdots < i_k \leq m} P(A_{i_1} \cap \cdots \cap A_{i_k}).$$

### Preuve

La proposition se démontre par récurrence sur l'entier $m \geq 2$.

Elle est vraie au rang 2: pour tout couple $(A_1, A_2)$ d'événements, on a

$$P(A_1 \cup A_2) = P(A_1) + P(A_2) - P(A_1 \cap A_2) \quad \text{(propriété 2.2.15 v.)}.$$

Soit $m \geq 2$, il s'agirait de montrer que si la proposition est vraie au rang $m$, alors elle est vraie au rang $m$+1. Or, cette démonstration, pour un entier $m$ quelconque supérieur ou égal à 2, est d'une écriture fastidieuse. C'est pourquoi nous nous contentons d'en indiquer le principe en montrant comment l'on passe du rang 2 au rang 3 :

Soit $A_1, A_2, A_3$ trois événements quelconques :

$$P(A_1 \cup A_2 \cup A_3) = P((A_1 \cup A_2) \cup A_3)$$
$$= P(A_1 \cup A_2) + P(A_3) - P((A_1 \cup A_2) \cap A_3).$$

De plus,
$$P(A_1 \cup A_2) = P(A_1) + P(A_2) - P(A_1 \cap A_2)$$

et

$$P((A_1 \cup A_2) \cap A_3) = P((A_1 \cap A_3) \cup (A_2 \cap A_3))$$
$$= P(A_1 \cap A_3) + P(A_2 \cap A_3) - P((A_1 \cap A_3) \cap (A_2 \cap A_3))$$
$$= P(A_1 \cap A_3) + P(A_2 \cap A_3) - P(A_1 \cap A_2 \cap A_3).$$

On a donc

$$P(A_1 \cup A_2 \cup A_3) = [P(A_1) + P(A_2) - P(A_1 \cap A_2)] + P(A_3)$$
$$- [P(A_1 \cap A_3) + P(A_2 \cap A_3) - P(A_1 \cap A_2 \cap A_3)]$$
$$P(A_1 \cup A_2 \cup A_3) = [P(A_1) + P(A_2) + P(A_3)]$$
$$- [P(A_1 \cap A_2) + P(A_1 \cap A_3) + P(A_2 \cap A_3)]$$
$$+ P(A_1 \cap A_2 \cap A_3).$$

Au lecteur maintenant de démontrer que la proposition est vraie au rang 4... ∎

### suite d'événements

#### Proposition (2.2.17)

i. Si $(A_n)_{n \in \mathbb{N}}$ est une suite croissante d'événements ($A_n \subset A_{n+1}$ pour tout $n \in \mathbb{N}$), alors

$$\lim_{n \to \infty} P(A_n) = P\left(\bigcup_{n \in \mathbb{N}} A_n\right).$$

ii. Si $(A_n)_{n \in \mathbb{N}}$ est une suite décroissante d'événements ($A_{n+1} \subset A_n$, pour tout $n \in \mathbb{N}$), alors

$$\lim_{n \to \infty} P(A_n) = P\left(\bigcap_{n \in \mathbb{N}} A_n\right).$$

#### Preuve

i. Soit $(A_n)_{n \in \mathbb{N}}$ une suite croissante d'événements, la suite $(B_n)_{n \in \mathbb{N}}$ définie par:
$$\begin{cases} B_0 = A_0 \\ B_n = A_n \setminus A_{n-1} \text{ pour } n \in \mathbb{N}^* \end{cases}$$

est une suite d'événements deux à deux incompatibles telle que
$$\bigcup_{n\in\mathbb{N}} B_n = \bigcup_{n\in\mathbb{N}} A_n.$$
Par conséquent
$$P(\bigcup_{n\in\mathbb{N}} A_n) = P(\bigcup_{n\in\mathbb{N}} B_n) = \sum_{n=0}^{+\infty} P(B_n).$$
Or, $P(B_0) = P(A_0)$ et pour tout $n \in \mathbb{N}^*$, $P(B_n) = P(A_n) - P(A_{n-1})$ donc
$$\sum_{k=0}^{n} P(B_k) = P(A_n),$$
$$\sum_{n=0}^{+\infty} P(B_n) = \lim_{n\to\infty} \sum_{k=0}^{n} P(B_k) = \lim_{n\to\infty} P(A_n).$$
Ainsi, $P(\bigcup_{n\in\mathbb{N}} A_n) = \lim_{n\to\infty} P(A_n)$.

ii. Soit $(A_n)_{n\in\mathbb{N}}$ une suite décroissante d'événements, la suite $(\overline{A_n})_{n\in\mathbb{N}}$ est alors une suite croissante d'événements, donc $\lim_{n\to\infty} P(\overline{A_n}) = P(\bigcup_{n\in\mathbb{N}} \overline{A_n})$, d'après i que nous venons de démontrer.
Or,
$$P\left(\bigcap_{n\in\mathbb{N}} A_n\right) = P\left(\overline{\bigcup_{n\in\mathbb{N}} \overline{A_n}}\right) = 1 - P\left(\bigcup_{n\in\mathbb{N}} \overline{A_n}\right),$$
d'où
$$P\left(\bigcap_{n\in\mathbb{N}} A_n\right) = 1 - \lim_{n\to\infty} P(\overline{A_n}) = \lim_{n\to\infty} (1 - P(\overline{A_n})) = \lim_{n\to\infty} P(A_n).$$
∎

**Exemple** (2.2.18)

On lance indéfiniment un dé honnête.
Quelle est la probabilité de ne pas obtenir d'as au cours des $n$ premiers lancers ?
Quelle est la probabilité de ne jamais obtenir d'as ?

Soit $A_n$ : "on n'obtient pas d'as au cours des $n$ premiers lancers", $n$ étant un entier quelconque fixé. Les suites de numéros $(u_1, \ldots, u_n)$ obtenus au cours des $n$ premiers tirages sont équiprobables :

$$P(A_n) = \frac{\text{nombre de suites } (u_1,\ldots,u_n) \text{ ne contenant pas d'as}}{\text{nombre de suites } (u_1,\ldots,u_n) \text{ possibles}}$$

soit

$$P(A_n) = \frac{5^n}{6^n} = \left(\frac{5}{6}\right)^n.$$

La probabilité de ne jamais obtenir d'as est $P(\bigcap_{n\in\mathbb{N}^*} A_n)$. Or la suite $(A_n)_{n\in\mathbb{N}^*}$ est décroissante ($A_{n+1}$ implique $A_n$), donc

$$P\left(\bigcap_{n\in\mathbb{N}^*} A_n\right) = \lim_{n\to\infty} P(A_n) = 0.$$

Remarquons que $P(\bigcap_{n\in\mathbb{N}^*} A_n) = 0$ mais l'événement $\bigcap_{n\in\mathbb{N}^*} A_n$ : "on n'obtient jamais l'as" n'est pas l'événement impossible :

$$\bigcap_{n\in\mathbb{N}^*} A_n = \{(u_n)_{n\geq 1} \mid u_n \in [\![2,6]\!]\} \neq \varnothing.$$

Un événement peut avoir une probabilité nulle et n'être pas impossible ; on le dira dans ce cas quasi-impossible.

## systèmes complets ou quasi-complets d'événements

On appelle événement *quasi-impossible* tout événement $A$ tel que $P(A) = 0$.

On appelle événement *quasi-certain* tout événement $A$ tel que $P(A) = 1$.

Enfin on appelle *système quasi-complet d'événements* tout ensemble fini ou dénombrable d'événements deux à deux incompatibles dont la réunion est un événement quasi-certain.

Un ensemble fini ou dénombrable d'événements $\{A_i \mid i \in I\}$ est donc un système quasi-complet d'événements si et seulement si :

- les événements $A_i$ sont deux à deux incompatibles
- $\sum_{i\in I} P(A_i) = 1$.

**Remarque** (2.2.19) – *$\varnothing$ est un événement quasi-impossible puisque $P(\varnothing) = 0$, mais un événement quasi-impossible n'est pas forcément égal à l'ensemble vide (exemple 2.2.18).*

*De même l'événement certain $\Omega$ est quasi-certain mais ce n'est pas le seul. Enfin, les systèmes complets d'événements sont un cas particulier de systèmes quasi-complets d'événements (définition 2.1.9).*

**Exemple** (2.2.20)

Lançons indéfiniment un dé honnête et notons $A_k$ l'événement : "le premier as est obtenu au $k^{\text{ème}}$ lancer". Les événements $A_k$ sont clairement deux à deux incompatibles et, pour tout $k \in \mathbb{N}^*$, les suites de numéros obtenus au cours des $k$ premiers lancers étant équiprobables, on a :

$$P(A_k) = \frac{\text{nombre de suites favorables}}{\text{nombre de suites possibles}} = \frac{(5)^{k-1} \times 1}{6^k} = \frac{1}{6}\left(\frac{5}{6}\right)^{k-1}$$

d'où

$$\sum_{k \in \mathbb{N}^*} P(A_k) = \sum_{k=1}^{+\infty} \frac{1}{6}\left(\frac{5}{6}\right)^{k-1} = 1.$$

Ainsi, $\{A_k \mid k \in \mathbb{N}^*\}$ est un système quasi-complet d'événements. Notons que la réunion des $A_k$ n'est pas l'événement certain $\Omega$, puisque $\Omega \setminus (\bigcup_{k \in \mathbb{N}^*} A_k)$ est l'événement "on n'obtient jamais d'as" et cet événement n'est pas impossible. $\{A_k \mid k \in \mathbb{N}^*\}$ n'est donc pas un système complet d'événements.

**Propriétés** (2.2.21)

i. Si $A$ est un événement quasi-impossible, alors pour tout événement $B$,
$$P(B \cap A) = 0.$$

ii. Si $A$ est un événement quasi-certain, alors pour tout événement $B$,
$$P(B \cap A) = P(B).$$

iii. Si $\{A_i \mid i \in I\}$ est un système complet ou quasi-complet d'événements, alors pour tout événement $B$,
$$P(B) = \sum_{i \in I} P(B \cap A_i).$$

**Preuve**

i. Pour tout événement $B$, $(B \cap A) \subset A$; donc $0 \leq P(B \cap A) \leq P(A) = 0$, d'où nécessairement $P(B \cap A) = 0$.

ii. Si $P(A) = 1$, alors $P(\overline{A}) = 0$, donc $P(B \cap \overline{A}) = 0$ pour tout événement $B$, ce qui entraîne
$$P(B) = P(B \cap \Omega) = P(B \cap (A \cup \overline{A}))$$

$$= P((B \cap A) \cup (B \cap \overline{A}))$$
$$= P(B \cap A) + P(B \cap \overline{A})$$
$$= P(B \cap A).$$

iii. Si $\{A_i \mid i \in I\}$ est un système quasi-complet d'événements, alors on a $P(\bigcup_{i \in I} A_i) = \sum_{i \in I} P(A_i) = 1$, et donc, pour tout événement $B$,

$$P(B) = P\left(B \cap \left(\bigcup_{i \in I} A_i\right)\right) = P\left(\bigcup_{i \in I}(B \cap A_i)\right).$$

Or, les événements $A_i$ étant deux à deux incompatibles, les événements $(B \cap A_i)$ le sont a fortiori, d'où

$$P(B) = P\left(\bigcup_{i \in I}(B \cap A_i)\right) = \sum_{i \in I} P(B \cap A_i). \quad \blacksquare$$

### Intérêt des systèmes complets ou quasi-complets d'événements

Il arrive fréquemment qu'on ne puisse calculer directement la probabilité $P(B)$ d'un événement $B$. On s'efforcera alors de mettre en évidence un système complet ou quasi-complet d'événements $\{A_i \mid i \in I\}$ permettant de "ventiler" $P(B)$ suivant la formule :

$$P(B) = \sum_{i \in I} P(B \cap A_i),$$

et de calculer ainsi $P(B)$ à partir des probabilités plus simples $P(B \cap A_i)$.

### Exemple (2.2.22)

On lance indéfiniment un dé honnête. Quelle est la probabilité de n'obtenir que des nombres impairs avant le premier as ?

Soit $B$ : "on n'obtient que des nombres impairs avant le premier as".

$$P(B) = \sum_{k=1}^{+\infty} P(B \cap A_k)$$

où $A_k$ est défini dans l'exemple 2.2.20.

$P(B \cap A_k)$ est la probabilité de n'obtenir que des 3 et des 5 au $(k-1)$ premiers lancers et d'obtenir un as au $k^{\text{ème}}$ lancer :

$$P(B \cap A_k) = \frac{2^{k-1}}{6^k} = \frac{1}{6}\left(\frac{1}{3}\right)^{k-1}.$$

$$P(B) = \sum_{k=1}^{+\infty} \frac{1}{6}\left(\frac{1}{3}\right)^{k-1} = \frac{1}{4}.$$

**aide-mémoire : visualisation des propriétés d'une probabilité**

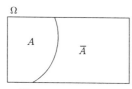

$P(\overline{A}) = 1 - P(A)$

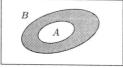

$A \subset B \quad P(B \setminus A) = P(B) - P(A)$

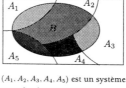

$(A_1, A_2, A_3, A_4, A_5)$ est un système complet d'événements :

$$P(A_1) + P(A_2) + P(A_3) + P(A_4) + P(A_5) = 1$$
$$P(B) = \sum_{i=1}^{5} P(B \cap A_i)$$

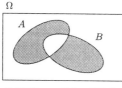

$$\begin{aligned} P(A \cup B) &= P(A) + P(B \setminus A) \\ &= P(A) + P(B) - P(A \cap B) \end{aligned}$$

**extension de la notion de probabilité uniforme**

► La probabilité uniforme sur un univers fini $\Omega = \{\omega_1, \ldots, \omega_n\}$ a été définie par :

$$P(A) = \frac{\text{card } A}{\text{card } \Omega}, \quad \text{pour tout événement } A \text{ appartenant à } \mathscr{P}(\Omega).$$

► Considérons à présent l'expérience qui consiste à choisir un point

• PROBABILITÉ •

au hasard de l'intervalle réel $[a, b]$ et cherchons la probabilité que ce point appartienne à un segment donné $[x, y]$ inclus dans $[a, b]$. Puisqu'aucun point particulier n'est visé, il est naturel de supposer que cette probabilité est proportionnelle à la longueur $y - x$ du segment.
L'univers $\Omega$ étant représenté par l'ensemble $[a, b]$ des réels compris entre $a$ et $b$, l'événement "le point choisi appartient à $[x, y]$" sera représenté par le segment $[x, y]$ et sa probabilité, proportionnelle à sa longueur, sera donc :

$$P([x, y]) = \frac{y - x}{b - a}.$$

- Soit $\Omega$ une partie du plan $\mathbb{R}^2$ ayant une aire notée $S$ et dont l'un des points est choisi au hasard. La probabilité que ce point appartienne à une partie donnée $A$ de $\Omega$ devra être proportionnelle à son aire; ainsi on aura

$$P(A) = \frac{\text{aire}(A)}{\text{aire}(\Omega)} = \frac{\text{aire}(A)}{S}.$$

Notons que dans ce cas, la probabilité uniforme $P$ est définie sur l'ensemble $\mathscr{A}$ des parties de $\Omega$ ayant une aire. En pratique, toutes les parties de $\Omega$ que nous serons amenés à envisager auront effectivement une aire. Cependant il existe des parties bornées du plan $\mathbb{R}^2$ (impossibles à représenter graphiquement) qui n'admettent pas d'aire.

## Exemple (2.2.23)

On tire au hasard avec un pistolet dans un carré $C$ de centre 0 dont les côtés mesurent 30 cm. On suppose que la balle ne peut sortir du carré. Quelle est la probabilité que soit atteint le disque $D$ inscrit dans le carré de centre 0 et de rayon $r = 15$ cm?

Cette probabilité, proportionnelle à l'aire du disque, est :

$$P(D) = \frac{\text{aire}(D)}{\text{aire}(C)} = \frac{\pi r^2}{4r^2} = \frac{\pi}{4}.$$

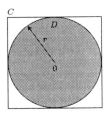

• ESPACES PROBABILISÉS •

Les notions fondamentales définies dans les sections 2.2.4 et 2.2.5 n'ont été formulées clairement que bien après celles d'espérance et de variable aléatoire. Ce n'est qu'en 1929, dans la Théorie générale de la mesure et théorie des probabilités, que le mathématicien russe Andreï-Nicolaïevitch Kolmogorov (1903-1987) propose une véritable axiomatisation de la théorie des probabilités à partir de notions ensemblistes.

## 2.3 applications

Nous étudierons dans ce paragraphe une série de problèmes qui sont des applications classiques de *l'hypothèse d'équiprobabilité* ainsi que de la *formule du crible*. Le lecteur verra comment l'hypothèse d'équiprobabilité ramène tout calcul de probabilité à un problème de dénombrement.

### 2.3.1 tirages dans une urne multicolore

Soit $U$ une urne contenant $N$ boules de $r$ couleurs différentes $c_1, c_2, \ldots, c_r$. On note $N_j$ le nombre de boules de couleur $c_j$, $p_j = \frac{N_j}{N}$ étant dès lors la proportion de boules de couleur $c_j$ dans l'urne $U$.

**Problème (2.3.1)**

*Tirages avec remise* On tire successivement $n$ boules de $U$ avec remise. Quelle est la probabilité $p(k_1, k_2, \ldots, k_r)$ d'obtenir, sur ces $n$ boules, $k_j$ de couleur $c_j$, pour $1 \leq j \leq r$ ?

Il est clair que

$$k_1 + k_2 + \cdots + k_r \neq n \Rightarrow p(k_1, k_2, \ldots, k_r) = 0.$$

Plaçons-nous désormais dans le cas où $k_1 + k_2 + \cdots + k_r = n$.

On considère comme résultat de l'épreuve la suite des $n$ boules obtenues. A chaque tirage, les $N$ boules ont toutes a priori la même chance d'être obtenues, on peut donc supposer que les $N^n$ suites possibles sont équiprobables.

Reste maintenant à dénombrer celles où figurent $k_j$ boules de couleur $c_j$, pour $1 \leq j \leq r$.

i. A chacun des $k_j$ tirages, il y a $N_j$ boules de couleur $c_j$ possibles, donc $N_1^{k_1} \times N_2^{k_2} \times \cdots \times N_r^{k_r}$ suites de $n$ boules donnant *dans un ordre déterminé* $k_j$ boules de couleur $c_j$ ($1 \leq j \leq r$).

ii. Calculons à présent combien il y a d'ordres dans lesquels on peut tirer $k_j$ boules de couleur $c_j$ ($1 \leq j \leq r$). Autrement dit, calculons le nombre $C(n;k_1,k_2,\ldots,k_r)$ de façons de choisir parmi $n$ places, les $k_1,k_2,\ldots,k_r$ réservées respectivement aux couleurs $c_1,c_2,\ldots,c_r$ : il y a $C_n^{k_1}$ façons de choisir $k_1$ places parmi $n$ réservées à la couleur $c_1$; et pour chacune d'elles, $C_{n-k_1}^{k_2}$ façons de choisir, parmi les $(n-k_1)$ places qui restent, les $k_2$ places réservées à la couleur $c_2$; en itérant le processus, on arrive à

$$C(n;k_1,k_2,\ldots,k_r) = C_n^{k_1} \times C_{n-k_1}^{k_2} \times \cdots \times C_{n-(k_1+\cdots+k_{r-1})}^{k_r}$$

soit
$$C(n;k_1,k_2,\ldots,k_r) = \frac{n!}{k_1!k_2!\ldots k_r!}.$$

Le nombre de suites de $n$ boules où figurent $k_j$ boules de couleur $c_j$ ($1 \leq j \leq r$) est donc

$$\frac{n!}{k_1!k_2!\ldots k_r!} N_1^{k_1} \times N_2^{k_2} \times \cdots \times N_r^{k_r}.$$

En divisant ce nombre par le nombre $N^n$ de toutes les suites possibles, on obtient, d'après l'hypothèse d'équiprobabilité, la probabilité $p(k_1,k_2,\ldots,k_r)$ cherchée:

$$\begin{aligned} p(k_1,k_2,\ldots,k_r) &= \frac{n!}{k_1!k_2!\ldots k_r!} \Big(\frac{N_1}{N}\Big)^{k_1} \Big(\frac{N_2}{N}\Big)^{k_2} \ldots \Big(\frac{N_r}{N}\Big)^{k_r} \\ &= \frac{n!}{k_1!k_2!\ldots k_r!} p_1^{k_1} p_2^{k_2} \ldots p_r^{k_r}. \end{aligned}$$

**Cas particulier** $r=2$ : L'urne contient $N_1$ boules blanches et $N_2$ boules noires, la probabilité d'obtenir $k$ boules blanches sur $n$ tirages *avec remise* est alors:
$$p_k = p(k,n-k) = C_n^k p^k (1-p)^{n-k},$$

où $p = \frac{N_1}{N}$ désigne la proportion de boules blanches dans l'urne.

### Problème (2.3.2)

*Tirages sans remise* On tire successivement $n$ boules de $U$ sans remise. Quelle est la probabilité $q(k_1,k_2,\ldots,k_r)$ d'obtenir, sur ces $n$ boules, $k_j$ boules de couleur $c_j$, pour $1 \leq j \leq r$?

Notons d'abord qu'à moins d'avoir

$$k_1 + k_2 + \cdots + k_r = n \quad \text{et} \quad 0 \leq k_j \leq N_j \text{ pour } 1 \leq j \leq r,$$

la probabilité $q(k_1, k_2, \ldots, k_r)$ est nulle. Nous nous placerons donc dans le cas où les conditions ci-dessus sont vérifiées pour traiter la suite du problème.

On considère comme résultat de l'épreuve la suite des $n$ boules *distinctes* obtenues si bien que l'univers $\Omega$ est l'ensemble des arrangements de $n$ boules parmi $N$; et puisqu'il n'y a pas de raison de privilégier un arrangement plutôt qu'un autre, on suppose que les $A_N^n$ arrangements possibles sont équiprobables.

Dénombrons à présent ceux où figurent $k_j$ boules de couleur $c_j$ ($1 \leq j \leq r$).

i. Il y a $C(n; k_1, k_2, \ldots, k_r) = \frac{n!}{k_1! k_2! \ldots k_r!}$ façons de choisir dans un arrangement les $k_1, k_2, \ldots, k_r$ places réservées respectivement aux couleurs $c_1, c_2, \ldots, c_r$.

ii. Une fois que ces places sont choisies, il y a pour chaque couleur $c_j$, $A_{N_j}^{k_j}$ façons d'arranger aux places réservées $k_j$ boules de couleur $c_j$, et donc $A_{N_1}^{k_1} \times A_{N_2}^{k_2} \times \cdots \times A_{N_r}^{k_r}$ arrangements qui conviennent.

Le nombre de suites de $n$ boules tirées sans remise de l'urne $U$ où figurent $k_j$ boules de couleur $c_j$ ($1 \leq j \leq r$) est donc

$$\frac{n!}{k_1! k_2! \ldots k_r!} A_{N_1}^{k_1} A_{N_2}^{k_2} \cdots A_{N_r}^{k_r}.$$

On déduit de l'hypothèse d'équiprobabilité la probabilité cherchée :

$$q(k_1, k_2, \ldots, k_r) = \frac{n!}{k_1! k_2! \ldots k_r!} \frac{A_{N_1}^{k_1} A_{N_2}^{k_2} \cdots A_{N_r}^{k_r}}{A_N^n}.$$

**Problème** (2.3.3)

**Tirages par poignées** *On tire simultanément, autrement dit en une poignée, $n$ boules de l'urne $U$. Quelle est la probabilité que se trouvent parmi elles $k_j$ boules de couleur $c_j$, pour $1 \leq j \leq r$ ?*

Comme dans le problème 2.3.2, cette probabilité est nulle si les conditions

$$k_1 + k_2 + \cdots + k_r = n \quad \text{et} \quad 0 \leq k_j \leq N_j \text{ pour tout } 1 \leq j \leq r$$

ne sont pas satisfaites. Aussi nous placerons-nous désormais dans le cas où elles le sont.

Un résultat de l'épreuve est un échantillon (non ordonné) de $n$ boules prises parmi $N$ : il y a $C_N^n$ échantillons possibles et on peut supposer qu'ils sont équiprobables. Il s'agit donc maintenant de dénombrer ceux où se trouvent $k_j$ boules de couleur $c_j$ ($1 \leq j \leq r$).

Pour chaque couleur $c_j$, il y a $C_{N_j}^{k_j}$ choix possibles des $k_j$ boules de couleur $c_j$, donc en tout $C_{N_1}^{k_1} \times C_{N_2}^{k_2} \times \cdots \times C_{N_r}^{k_r}$ échantillons qui conviennent. D'après l'hypothèse d'équiprobabilité, la probabilité cherchée est alors
$$\frac{C_{N_1}^{k_1} C_{N_2}^{k_2} \ldots C_{N_r}^{k_r}}{C_N^n}$$

et c'est précisément celle obtenue dans le problème 2.3.2 :

$$q(k_1, k_2, \ldots, k_r) = \frac{n!}{k_1! k_2! \ldots k_r!} \frac{A_{N_1}^{k_1} A_{N_2}^{k_2} \cdots A_{N_r}^{k_r}}{A_N^n} = \frac{C_{N_1}^{k_1} C_{N_2}^{k_2} \ldots C_{N_r}^{k_r}}{C_N^n}.$$

Ce résultat n'est pas pour nous étonner. En effet, $k_1, k_2, \ldots, k_r$ étant donnés, pourquoi aurait-on plus ou moins de chances de récolter $k_j$ boules de couleur $c_j$ en tirant les boules simultanément, qu'en les tirant une à une ?

**Cas particulier** $r = 2$ : De l'urne $U$ contenant $N_1$ boules blanches et $N_2$ boules noires, on tire *simultanément en une poignée* ou bien *successivement et sans remise* $n$ boules de $U$. La probabilité d'obtenir $k$ boules blanches est alors :

$$q_k = q(k, n-k) = C_n^k \frac{A_{N_1}^k A_{N_2}^{n-k}}{A_N^n} = \frac{C_{N_1}^k C_{N_2}^{n-k}}{C_N^n}.$$

Cette probabilité est non nulle si et seulement si $k \in [\![0, n]\!]$ et de plus $k \leq N_1$ et $n - k \leq N_2$, ce qui équivaut à

$$k \in [\![\max(0, n - N_2), \min(n, N_1)]\!].$$

## .3.2 les dérangements

$n$ éléments d'un ensemble $E = \{u_1, \ldots, u_n\}$ ont chacun une place attitrée portant leur numéro. On permute au hasard les $n$ éléments de $E$.

**Problème** (2.3.4)

1. *Quelle est la probabilité qu'un élément donné $u_i$ de $E$ ($1 \leq i \leq n$) retrouve sa place?*
2. *Quelle est la probabilité que $k$ éléments donnés $u_{i_1}, \ldots, u_{i_k}$ de $E$ ($1 \leq i_1 < \cdots < i_k \leq n$) retrouvent chacun leurs places?*
3. *Quelle est la probabilité $p_n$ qu'aucun des éléments $u_i$ ne retrouve sa place?*

On considère comme univers $\Omega$, l'ensemble des $n!$ permutations possibles de $E$. Puisqu'on permute les éléments de $E$ au hasard, on peut supposer que les éléments de $\Omega$ sont équiprobables.

1. Soit $u_i$ un élément donné de $E$. Le nombre de permutations où $u_i$ conserve sa place est égal au nombre de permutations de $E \setminus \{u_i\}$, c'est-à-dire à $(n-1)!$. D'après l'hypothèse d'équiprobabilité, la probabilité que $u_i$ retrouve sa place est donc :

$$\frac{(n-1)!}{n!} = \frac{1}{n}.$$

2. Soit $u_{i_1}, \ldots, u_{i_k}$ $k$ éléments donnés de $E$. Le nombre de permutations où $u_{i_1}, \ldots, u_{i_k}$ retrouvent leur place est $(n-k)!$, la probabilité cherchée est donc :

$$\frac{(n-k)!}{n!}.$$

3. Notons $A_i$ l'événement : "$u_i$ retrouve sa place"

$$p_n = P(\overline{A_1} \cap \cdots \cap \overline{A_n}) = 1 - P(A_1 \cup \cdots \cup A_n).$$

La *formule du crible* va nous permettre de calculer $P(A_1 \cup \cdots \cup A_n)$ :

$$P(A_1 \cup \cdots \cup A_n) = \sum_{k=1}^{n} (-1)^{k-1} S_k,$$

$$\text{où} \quad S_k = \sum_{1 \leq i_1 < \cdots < i_k \leq n} P(A_{i_1} \cap \cdots \cap A_{i_k}).$$

Or, si $1 \leq i_1 < \cdots < i_k \leq n$,

$$P(A_{i_1} \cap \cdots \cap A_{i_k}) = \frac{(n-k)!}{n!}$$

d'après la question précédente. On a donc:

$$S_k = C_n^k \frac{(n-k)!}{n!} = \frac{1}{k!}, \text{ pour tout } k \in [\![1,n]\!]$$

$$P(A_1 \cup \cdots \cup A_n) = \sum_{k=1}^{n} \frac{(-1)^{k-1}}{k!}.$$

En conclusion, la probabilité qu'aucun élément ne retrouve sa place est :

$$p_n = \sum_{k=0}^{n} \frac{(-1)^k}{k!}.$$

Notons que le nombre de permutations de $E = \{u_1, \ldots, u_n\}$ telles qu'aucun élément ne retrouve sa place est $p_n$ fois le nombre total de permutations de $E$, autrement dit le nombre de *dérangements* de $E$ est :

$$d_n = n!\, p_n.$$

**Problème (2.3.5)**

*Quelle est la probabilité $\beta(n, k)$ qu'exactement $k$ éléments de $E$ retrouvent leur place ?*

Remarquons que $\beta(n, 0) = p_n$, où $p_n$ est la probabilité calculée au problème 2.3.4 qu'aucun élément de $E$ ne retrouve sa place.

Soit $k \in [\![1, n]\!]$ et $1 \leq i_1 < \cdots < i_k \leq n$ ; notons $\alpha(i_1, \ldots, i_k)$ la probabilité que $u_{i_1}, \ldots, u_{i_k}$ retrouvent leurs places tandis qu'aucun des autres éléments ne la retrouve. Nous allons voir que cette probabilité ne dépend pas de la suite particulière $(i_1, \ldots, i_k)$ considérée mais seulement de l'entier $k$.

D'après le problème 2.3.4, le nombre de permutations d'un ensemble à $i$ éléments ($i \in \mathbb{N}^*$) telles qu'aucun des éléments ne retrouve sa place est:

$$d_i = i!\, p_i.$$

Par conséquent, le nombre de permutations de $E \setminus \{u_{i_1}, \ldots, u_{i_k}\}$ telles qu'aucun élément ne retrouve sa place est $d_{n-k}$.

Ainsi $d_{n-k}$ est aussi le nombre de permutations de $E$ telles que seuls les éléments $u_{i_1}, \ldots, u_{i_k}$ retrouvent leur place, d'où

$$\alpha(i_1, \ldots, i_k) = \frac{(n-k)!\, p_{n-k}}{n!}.$$

• ESPACES PROBABILISÉS •

La probabilité que $k$ éléments $u_{i_1}, \ldots, u_{i_k}$ donnés de $E$ soient seuls à retrouver leur place étant

$$\alpha(i_1, \ldots, i_k) = \frac{(n-k)! \, p_{n-k}}{n!},$$

la probabilité qu'exactement $k$ éléments de $E = \{u_1, \ldots, u_n\}$ retrouvent leur place est :

$$\beta(n, k) = \sum_{1 \leq i_1 < \cdots < i_k \leq n} \alpha(i_1, \ldots, i_k) = C_n^k \frac{(n-k)!}{n!} \, p_{n-k} = \frac{p_{n-k}}{k!}.$$

### 2.3.3 les tiroirs vides

On distribue au hasard $p$ boules distinctes $b_1, \ldots, b_p$ dans $n$ tiroirs $t_1, \ldots, t_n$.

**Problème (2.3.6)**

1. *Quelle est la probabilité qu'un tiroir donné $t_i$ reste vide?*
2. *Quelle est la probabilité que les tiroirs $t_{i_1}, \ldots, t_{i_k}$ ($1 \leq i_1 < \cdots < i_k \leq n$) restent vides?*
3. *Quelle est la probabilité $s(p, n)$ qu'aucun tiroir ne reste vide?*

On considère comme univers $\Omega$, l'ensemble des $n^p$ applications de l'ensemble $B = \{b_1, \ldots, b_p\}$ des $p$ boules dans l'ensemble $T = \{t_1, \ldots, t_n\}$ des $n$ tiroirs. (Répartir les boules dans les tiroirs, c'est associer à chacune un tiroir unique et c'est donc définir une application de $B$ dans $T$). Puisqu'on distribue les boules au hasard et que chacune a donc la même chance d'atterrir dans l'un ou l'autre des $n$ tiroirs, on peut supposer l'équiprobabilité des éléments de $\Omega$.

    i. Soit $t_i$ un tiroir donné, le nombre de répartitions excluant le tiroir $t_i$, c'est-à-dire laissant ce tiroir vide, est simplement le nombre de répartitions des $p$ boules $b_1, \ldots, b_p$ dans les $(n-1)$ tiroirs $t_1, \ldots, t_{i-1}$, $t_{i+1}, \ldots, t_n$, à savoir $(n-1)^p$.

La probabilité que $t_i$ reste vide est donc

$$\frac{(n-1)^p}{n^p}.$$

    ii. Soient $t_{i_1}, \ldots, t_{i_k}$ $k$ tiroirs donnés, $1 \leq i_1 < \cdots < i_k \leq n$. On obtient

de la même façon que la probabilité que $t_{i_1}, \ldots, t_{i_k}$ restent vides est:
$$\frac{(n-k)^p}{n^p}.$$

iii. Notons $A_i$ l'événement : "le tiroir reste vide"
$$s(p,n) = P(\overline{A_1} \cap \cdots \cap \overline{A_n}) = 1 - P(A_1 \cup \cdots \cup A_n).$$

Là encore, la *formule du crible* est d'un grand secours et nous donne:
$$s(p,n) = \sum_{k=0}^{n} (-1)^k C_n^k \frac{(n-k)^p}{n^p}.$$

La démarche que nous avons suivie pour calculer $s(p,n)$ est exactement celle qui nous a permis de calculer au chapitre 1 (problème 1.3.9) le nombre $S_{p,n}$ de surjections d'un ensemble à $p$ éléments dans un ensemble à $n$ éléments. D'ailleurs, $S_{p,n}$ représente le nombre de répartitions de $p$ boules discernables dans $n$ tiroirs où aucun tiroir ne reste vide:
$$s(p,n) = \frac{S_{p,n}}{n^p}.$$

La formule est valable quels que soient $p$ et $n$, mais ne perdons pas de vue que
$$s(p,n) = 0 \quad \text{si} \quad p < n.$$

**Exemple** (2.3.7)

*Inégalité de Boole*

$(\Omega, \mathcal{A}, P)$ désigne l'espace probabilisé associé à une expérience aléatoire $\mathcal{E}$.

Etant donnés deux éléments $A$ et $B$ appartenant à $\mathcal{A}$, montrer que:
$$P(A \cup B) \leq P(A) + P(B)$$

D'après les propriétés d'une probabilité, on a:

$$P(A \cup B) = P(A) + P(B) - P(A \cap B)$$
$$\text{et} \quad P(A \cap B) \geq 0$$

Donc $P(A \cup B) \leq P(A) + P(B)$

Soit $n \in \mathbb{N}^*$ et $A_1, ..., A_n$, $n$ événements appartenant à $\mathscr{A}$, montrer que :
$$P(A_1 \cup ... \cup A_n) \leq P(A_1) + ... + P(A_n)$$
Démontrons ce résultat par récurrence en définissant pour tout $n \in \mathbb{N}^*$ la propriété:

$$\mathscr{P}(n) \ : \ "\forall (A_1, ..., A_n) \in \mathscr{A}^n,$$
$$P(A_1 \cup ... \cup A_n) \leq P(A_1) + ... + P(A_n)"$$

- $\mathscr{P}(1)$ est évidemment vraie.
- $\mathscr{P}(2)$ est vraie d'après la question précédente.
- Soit $n \geq 2$, supposons $\mathscr{P}(n)$ vraie, on a alors pour tout
$$(A_1, ..., A_n, A_{n+1}) \in \mathscr{A}^{n+1} \ :$$

$$P(A_1 \cup ... \cup A_n \cup A_{n+1}) = P((A_1 \cup ... \cup A_n) \cup A_{n+1})$$
$$\leq P(A_1 \cup ... \cup A_n) + P(A_{n+1}) \quad \text{(d'après } \mathscr{P}(2)\text{)}$$
$$\leq P(A_1) + ... + P(A_n) + P(A_{n+1}) \quad \text{(d'après } \mathscr{P}(n)\text{)}$$

c'est-à-dire que $\mathscr{P}(n+1)$ est vraie.

Conclusion : la propriété $\mathscr{P}(n)$ est vraie quel que soit $n \in \mathbb{N}^*$.

$A$, $B$ et $C$ désignant trois événements appartenant à $\mathscr{A}$, montrer que:
$$P(A \cap B \cap C) \geq 1 - P(\overline{A}) - P(\overline{B}) - P(\overline{C})$$

$$P(A \cap B \cap C) = 1 - P(\overline{A \cap B \cap C})$$
$$= 1 - P(\overline{A} \cup \overline{B} \cup \overline{C})$$

Or, d'après la question précédente,
$$P(\overline{A} \cup \overline{B} \cup \overline{C}) \leq P(\overline{A}) + P(\overline{B}) + P(\overline{C})$$
Donc
$$P(A \cap B \cap C) \geq 1 - ((P(\overline{A}) + P(\overline{B}) + P(\overline{C})).$$

• **APPLICATIONS** •

**Exemple** (2.3.8)

*Pascal et le chevalier de Méré*

Pascal résolut en 1654 ce problème que lui avait posé son ami le chevalier de Méré. En réalité, la solution avait déjà été trouvée par Cardan, un siècle plus tôt.

Quelle est la probabilité d'obtenir un six en lançant un dé équilibré?
L'ensemble des résultats possibles, lorsqu'on lance un dé, est $[\![1,6]\!]$. Si le dé est équilibré, les 6 résultats sont équiprobables. Par conséquent, la probabilité d'obtenir un six vaut $\frac{1}{6}$.

Quelle est la probabilité d'obtenir un double six en lançant deux dés équilibrés?
Si on lance deux dés, l'ensemble des résultats possibles est $[\![1,6]\!] \times [\![1,6]\!]$ et, si les deux sont équilibrés, les 36 résultats sont équiprobables. La probabilité d'obtenir l'un d'eux, par exemple le double six, vaut donc $\frac{1}{36}$.

Quelle est la probabilité d'obtenir au moins un six en lançant $n$ fois un dé équilibré (événement $A_n$)?
Lorsqu'on lance $n$ fois un dé équilibré, l'ensemble des résultats possibles est $[\![1,6]\!]^n$ et les $6^n$ résultats sont équiprobables.

$$P(A_n) = 1 - P(\overline{A_n})$$

Or, $P(\overline{A_n})$ est la probabilité de n'obtenir aucun six au cours des $n$ lancers.

$$P(\overline{A_n}) = \frac{\text{nombre de cas favorables}}{\text{nombre de cas possibles}} = \frac{\text{card } [\![1,5]\!]^n}{\text{card } [\![1,6]\!]^n} = \frac{5^n}{6^n}$$

Ainsi

$$P(A_n) = 1 - \left(\frac{5}{6}\right)^n.$$

Quelle est la probabilité d'obtenir au moins un double six en lançant $n$ fois deux dés équilibrés (événement $B_n$)?
Lorsqu'on lance $n$ fois deux dés équilibrés, l'ensemble des résultats possibles est $([\![1,6]\!] \times [\![1,6]\!])^n$ et les $36^n$ résultats sont équiprobables. On a alors

$$P(B_n) = 1 - P(\overline{B_n}) = 1 - \frac{35^n}{36^n} = 1 - \left(\frac{35}{36}\right)^n.$$

Qu'est-ce qui est le plus probable : obtenir au moins un double six en 24 lancers de deux dés, ou obtenir au moins un six en 4 lancers d'un seul dé?
Il s'agit de comparer $P(A_4)$ et $P(B_{24})$ :

$$0,517 < P(A_4) = 1 - \left(\frac{5}{6}\right)^4 < 0,518$$

et
$$0,491 < P(B_{24}) = 1 - \left(\frac{35}{36}\right)^{24} < 0,492$$

Il est donc plus probable d'obtenir au moins un six en 4 lancers d'un dé, que d'obtenir au moins un double six en 24 lancers de deux dés.
Ce résultat se généralise à un nombre $n$ quelconque de lancers : Il est plus probable d'obtenir au moins un six en $n$ lancers d'un dé, que d'obtenir au moins un double six en $6n$ lancers de deux dés. En effet,

$$0,83 < \frac{5}{6} < 0,84 < \left(\frac{35}{36}\right)^6 < 0,85$$

$$\Rightarrow P(A_n) = 1 - \left(\frac{5}{6}\right)^n > P(B_{6n}) = 1 - \left(\frac{35}{36}\right)^{6n}.$$

Combien de fois faut-il lancer deux dés pour que la probabilité d'obtenir un double six soit supérieure à $\frac{1}{2}$ ?
Il s'agit de trouver le plus petit entier $n$ tel que $P(B_n) > \frac{1}{2}$ :

$$P(B_n) > \frac{1}{2} \Leftrightarrow 1 - \left(\frac{35}{36}\right)^n > \frac{1}{2} \Leftrightarrow n > \frac{\ln(1/2)}{\ln(35/36)} \simeq 24,6$$

Il faut donc lancer deux dés au moins 25 fois, pour que la probabilité d'obtenir un double six soit supérieure à $\frac{1}{2}$.

**Exemple** (2.3.9)

*Les billes*

*On lance $n$ billes au hasard sur une piste de centre $O$ et de rayon 10 mètres ($n \in \mathbb{N}^*$).*
Quelle est la probabilité, pour une bille, de se trouver à 5 mètres exactement du centre $O$ ?
Etant donnée la grandeur de la piste, on peut assimiler les billes à des points. La position d'une bille est alors un point aléatoire du disque de centre $O$ et de rayon 10. La probabilité considérée sur ce disque, noté $D$, est la probabilité uniforme. Autrement dit, la probabilité, pour une bille, de se trouver dans une partie $A$ du disque est :

$$P(A) = \frac{\text{aire}(A)}{\text{aire}(D)} = \frac{\text{aire}(A)}{\pi(10)^2}$$

La probabilité, pour une bille, de se trouver exactement à 5 mètres du centre $O$, c'est-à-dire sur le cercle $C$ de centre $O$ et de rayon 5, est :

$$P(C) = \frac{\text{aire}(C)}{\text{aire}(D)} = 0$$

Quelle est la probabilité, pour une bille, de se trouver à moins de 5 mètres de $O$ ?
La probabilité, pour une bille, de se trouver à moins de 5 mètres du centre $O$, c'est-à-dire dans le disque $D'$ de centre $O$ et de rayon 5, est:

$$P(D') = \frac{\text{aire}(D')}{\text{aire}(D)} = \frac{\pi(5)^2}{\pi(10)^2} = \frac{1}{4}$$

Quelle est la probabilité que la bille la plus proche de $O$ lui soit distante d'au moins 5 mètres ?
On cherche en fait la probabilité que <u>toutes</u> les billes se trouvent à plus de 5 mètres du centre $O$. Or, la probabilité pour une bille de se trouver à plus de 5 mètres de $O$ est $1 - P(D')$. Et, puisqu'on a assimilé les billes à des points, c'est-à-dire qu'on a négligé leur volume, on peut considérer que les positions des billes sont indépendantes les unes des autres. La probabilité cherchée est alors le produit des probabilités de chacune des billes d'être à plus de 5 mètres de $O$.
Elle vaut donc
$$(1 - P(D'))^n = (\frac{3}{4})^n$$

*Soit $T$ un triangle équilatéral de centre $O$ et dont les côtés mesurent 8 mètres, et soit $T'$ le triangle dont les sommets sont les milieux des côtés de $T$.*
Quelle est la probabilité qu'au moins une bille se trouve dans le triangle $T$ (événement $T_n$) ?
La probabilité, pour une bille, de se trouver dans $T$ est :

$$P(T) = \frac{\text{aire}(T)}{\text{aire}(D)} = \frac{16\sqrt{3}}{\pi(10)^2} = \frac{4\sqrt{3}}{25\pi}$$

La probabilité qu'aucune bille ne se trouve dans $T$ est :
$P(\overline{T_n}) = (1 - P(T))^n$
Ainsi

$$P(T_n) = 1 - P(\overline{T_n}) = 1 - (1 - P(T))^n = 1 - \left(1 - \frac{4\sqrt{3}}{25\pi}\right)^n$$

Quelle est la probabilité qu'au moins une bille se trouve dans le triangle $T'$ (événement $T'_n$) ?
L'aire du triangle $T'$ est quatre fois plus petite que celle de $T$, donc

• ESPACES PROBABILISÉS •

$$P(T'_n) = 1 - (1 - P(T'))^n = 1 - \left(1 - \frac{\sqrt{3}}{25\pi}\right)^n$$

Comparer $P(T_n)$ et $P(T'_{4n})$. Que remarque-t-on lorsque $n$ tend vers l'infini ?

$P(T_n) = 1 - \left(1 - \frac{4\sqrt{3}}{25\pi}\right)^n$ et $P(T'_{4n}) = 1 - \left(1 - \frac{\sqrt{3}}{25\pi}\right)^{4n}$

Or, $0,911 < 1 - \frac{4\sqrt{3}}{25\pi} < 0,912 < \left(1 - \frac{\sqrt{3}}{25\pi}\right)^4 < 0,915$

Donc $P(T_n) > P(T'_{4n})$.

Autrement dit, il est plus probable d'obtenir au moins une bille parmi $n$ dans le triangle $T$, qu'au moins une bille parmi $4n$ dans le triangle 4 fois plus petit $T'$.

On remarque cependant que lorsque $n$ tend vers l'infini,

$$P(T_n) \sim P(T'_{4n}) \sim \frac{4n\sqrt{3}}{25\pi}$$

**Exemple** (2.3.10)

*Tirages sans remise*

Soit $A = \{a_1, ..., a_n\}$ un sous-ensemble d'un ensemble $E$ de cardinal $N \geq n$. On pioche au hasard et sans remise $n$ éléments de $E$. Soit $A_i$ l'événement "l'élément $a_i$ de $A$ est pioché".

Calculer $P(A_1 \cap ... \cap A_n)$ et $P(\overline{A_1} \cap ... \cap \overline{A_n})$.

L'expérience revient à choisir au hasard une partie $B$ de $E$ de cardinal $n$. Les $C_N^n$ résultats possibles sont équiprobables.

- $P(A_1 \cap ... \cap A_n)$ est la probabilité de choisir précisément la partie $A$ de $E$, d'où :

$$P(A_1 \cap ... \cap A_n) = \frac{1}{C_N^n}$$

- $P(\overline{A_1} \cap ... \cap \overline{A_n})$ est la probabilité que la partie choisie soit un sous-ensemble de $E \setminus A$, d'où:

$$P(\overline{A_1} \cap ... \cap \overline{A_n}) = \frac{C_{N-n}^n}{C_N^n}$$

$$= \begin{cases} 0 & \text{si } N < 2n \\ \frac{(N-n)!(N-n)!}{N!(N-2n)!} & \text{si } N \geq 2n \end{cases}$$

• **APPLICATIONS** •

Calculer $P(\overline{A_i})$, pour tout $1 \leq i \leq n$.

$$P(\overline{A_i}) = \frac{C_{N-1}^n}{C_N^n}$$

Calculer $P(\overline{A_i} \cap \overline{A_j})$, pour tout $1 \leq i < j \leq n$.

$$P(\overline{A_i} \cap \overline{A_j}) = \frac{C_{N-2}^n}{C_N^n}$$

Calculer $P(\overline{A_{i_1}} \cap ... \cap \overline{A_{i_k}})$, pour tout
$$1 \leq i_1 < ... < i_k \leq n \quad (k \in [\![1, n]\!]).$$

$$P(\overline{A_{i_1}} \cap ... \cap \overline{A_{i_k}}) = \frac{C_{N-k}^n}{C_N^n}$$

En déduire $P(\overline{A_1} \cup ... \cup \overline{A_n})$ à l'aide de la formule du Crible.

$$P(\overline{A_1} \cup ... \cup \overline{A_n}) = \sum_{k=1}^{n} (-1)^{k-1} S_k$$

où

$$S_k = \sum_{1 \leq i_1 < ... < i_k \leq n} P(\overline{A_{i_1}} \cap ... \cap \overline{A_{i_k}}) = C_n^k \frac{C_{N-k}^n}{C_N^n}$$

donc

$$P(\overline{A_1} \cup ... \cup \overline{A_n}) = \frac{1}{C_N^n} \left( \sum_{k=1}^{n} (-1)^{k-1} C_n^k C_{N-k}^n \right).$$

Déduire des questions précédentes l'égalité:

$$\sum_{k=0}^{n} (-1)^k C_n^k C_{N-k}^n = 1$$

D'après la première question, on a:

$$P(\overline{A_1} \cup ... \cup \overline{A_n}) = 1 - P(A_1 \cap ... \cap A_n) = 1 - \frac{1}{C_N^n} = \frac{1}{C_N^n}(C_N^n - 1)$$

Ce qui nous donne, d'après la seconde question:

$$\sum_{k=1}^{n}(-1)^{k-1}C_n^k C_{N-k}^n = C_N^n - 1$$
$$\Leftrightarrow C_N^n + \sum_{k=1}^{n}(-1)^k C_n^k C_{N-k}^n = 1$$
$$\Leftrightarrow \sum_{k=0}^{n}(-1)^k C_n^k C_{N-k}^n = 1.$$

**compléments**
CHAPITRE 3

# compléments

L'objet de ce chapitre est de rappeler sans démonstration certains résultats d'algèbre générale et d'analyse.

## 3.1 éléments de logique
### 3.1.1 implication, négation, équivalence

Une *proposition* est une affirmation qui, suivant certaines conditions, peut être vraie ou fausse.

#### implication

Si $p$ et $q$ sont deux propositions, $p$ *implique* $q$ signifie que si $p$ est vraie, alors $q$ est vraie. Dans ce cas, on dit que $p$ est une *condition suffisante* pour $q$, ou encore que $q$ est une *condition nécessaire* pour $p$, et on note :

$$p \Rightarrow q.$$

Si $p$ est une proposition, sa *négation*, que l'on note non $p$, est une proposition qui est vraie si $p$ est fausse, et fausse si $p$ est vraie.

#### contraposée

Une règle logique fondamentale est que l'implication $p \Rightarrow q$ est synonyme de sa *contraposée* :

$$\text{non } q \Rightarrow \text{non } p.$$

**Exemple (3.1.1)**

Soit $p$ la proposition "il pleut" et $q$ la proposition "le trottoir est mouillé". L'implication $p \Rightarrow q$ se lit : "s'il pleut, alors le trottoir est mouillé". La contraposée non $q \Rightarrow$ non $p$ se lit : "si le trottoir est sec, alors c'est qu'il ne pleut pas". Les deux phrases ne disent-elles pas la même chose ?

#### équivalence

Deux propositions $p$ et $q$ sont *équivalentes* si $p$ implique $q$ et $q$ implique $p$. On dit alors que $p$ est vraie *si et seulement si* $q$ est vraie, ou encore que $p$ est une *condition nécessaire et suffisante* pour $q$, et on note :

$$p \Longleftrightarrow q.$$

## 3.1.2 raisonnement par récurrence

Le raisonnement par récurrence sert dans de nombreuses démonstrations. Considérons une proposition $P(n)$ dont l'expression dépend d'un entier $n$: il n'est pas toujours aisé d'établir directement pour tout $n$ que $P(n)$ est vraie. Mais parfois la proposition est *héréditaire*, c'est-à-dire que si elle est vraie à un certain rang, alors elle est vraie aussi au rang suivant. Dans ce cas, on a recours au *raisonnement par récurrence* qui permet d'affirmer que $P(n)$ est vraie pour tout $n \geq n_0$, $n_0$ désignant un entier naturel donné, dès que sont démontrés les deux points suivants :

i. La propriété $P(n_0)$ est vraie.
ii. Pour tout $n \geq n_0$, si $P(n)$ est vraie alors $P(n+1)$ est vraie.

Donnons une variante de ce raisonnement dans le cas où l'on a besoin, pour montrer que $P(n+1)$ est vraie, de supposer qu'à la fois $P(n)$ et $P(n-1)$ sont vraies. On peut alors affirmer que $P(n)$ est vraie pour tout $n \geq n_0$ dès que l'on a démontré que :

i. $P(n_0)$ et $P(n_0+1)$ sont vraies.
ii. Pour tout $n \geq n_0 + 1$, si $P(n)$ et $P(n-1)$ sont vraies alors $P(n+1)$ est vraie.

**Exemple (3.1.2)**

a. Les formules suivantes, valables pour tout entier naturel $n$, se démontrent par récurrence:

$$\sum_{k=0}^{n} k = \frac{n(n+1)}{2}$$

$$\sum_{k=0}^{n} k^2 = \frac{n(n+1)(2n+1)}{6}$$

$$\sum_{k=0}^{n} k^3 = \left(\frac{n(n+1)}{2}\right)^2$$

$$\sum_{k=0}^{n} q^k = \begin{cases} n+1 & \text{si } q = 1 \\ \dfrac{1-q^{n+1}}{1-q} & \text{si } q \in \mathbb{R} - \{1\} \end{cases}.$$

b. La formule du binôme se démontre également par récurrence. Pour tout $n \in \mathbb{N}$, définissons la proposition $P(n)$ :

$$\text{"}\ \forall\,(x,y) \in \mathbb{C}^2,\quad (x+y)^n = \sum_{k=0}^{n} \frac{n!}{k!(n-k)!}\, x^k y^{n-k}\ \text{"}$$

▶ $(x+y)^0 = 1 = \frac{0!}{0!\,0!} x^0 y^0$ quels que soient les complexes $x$ et $y$.
$P(0)$ est donc vraie.

▶ Soit $n \geq 0$, si $P(n)$ est vraie alors pour tout $(x,y) \in \mathbb{C}^2$ on a :

$$(x+y)^{n+1}$$
$$= (x+y)(x+y)^n = y(x+y)^n + x(x+y)^n$$
$$= y \sum_{k=0}^{n} \frac{n!}{k!(n-k)!} x^k y^{n-k} + x \sum_{k=0}^{n} \frac{n!}{k!(n-k)!} x^k y^{n-k}$$
$$= \sum_{k=0}^{n} \frac{n!}{k!(n-k)!} x^k y^{n+1-k} + \sum_{k=1}^{n+1} \frac{n!}{(k-1)!(n-k+1)!} x^k y^{n+1-k}$$
$$= y^{n+1} + \sum_{k=1}^{n} \underbrace{\left(\frac{n!}{k!(n-k)!} + \frac{n!}{(k-1)!(n+1-k)!}\right)}_{\frac{(n+1)!}{k!(n+1-k)!}} x^k y^{n+1-k} + x^{n+1}$$
$$= \sum_{k=0}^{n+1} \frac{(n+1)!}{k!(n+1-k)!} x^k y^{n+1-k}$$

et la propriété $P(n+1)$ est donc vraie. On peut alors conclure que $P(n)$ est vraie pour tout entier naturel $n$.

## 3.2 ensembles et applications

### 3.2.1 ensembles et parties d'un ensemble

Nous supposons que le lecteur est déjà familiarisé avec la notion d'ensemble. Nous rappelons seulement que $\mathscr{P}(E)$ désigne l'ensemble des parties d'un ensemble $E$ :

$$A \in \mathscr{P}(E) \iff A \subset E$$
$$\iff (\text{Tout élément de } A \text{ est un élément de } E).$$

**Exemple** (3.2.1)

Soit $E$ un ensemble. L'ensemble $E$ lui-même est une partie de $E$, ainsi que l'ensemble vide, noté $\varnothing$, qui par définition ne contient aucun élément :

$$E \in \mathscr{P}(E) \quad \text{et} \quad \varnothing \in \mathscr{P}(E).$$

Il faudra bien distinguer un élément $x$ de $E$ du singleton $\{x\}$ qui est la partie de $E$ dont le seul élément est $x$ :

$$x \in E \quad \text{et} \quad \{x\} \in \mathscr{P}(E).$$

## double inclusion

Soient $E$ et $F$ deux ensembles,

$$E = F \iff (E \subset F \text{ et } F \subset E).$$

## réunion et intersection

▬ Considérons un ensemble $E$ et $A$ et $B$ des parties de $E$. On définit alors les ensembles suivants, qui sont encore des parties de E :

$\overline{A} = \{x \in E \mid x \notin A\}$     complémentaire de $A$ dans $E$

$A \cup B = \{x \in E \mid x \in A \text{ ou } x \in B\}$     réunion de $A$ et $B$

$A \cap B = \{x \in E \mid x \in A \text{ et } x \in B\}$     intersection de $A$ et $B$

$A \setminus B = \{x \in E \mid x \in A \text{ et } x \notin B\}$     différence de $A$ et $B$.

On dira que les parties $A$ et $B$ sont *disjointes* si $A \cap B = \varnothing$.

▬ Plus généralement, soit $I$ un ensemble d'indices et $(A_i)_{i \in I}$ une famille de parties de $E$ :

- la *réunion des $A_i$* notée

$$\bigcup_{i \in I} A_i$$

est l'ensemble des éléments $x$ de $E$ qui appartiennent à l'un au moins des ensembles $A_i$ ;
- l'*intersection des $A_i$* notée

$$\bigcap_{i \in I} A_i$$

est l'ensemble des éléments $x$ de $E$ qui appartiennent à tous les ensembles $A_i$.

On dira que les parties $A_i$ sont *deux à deux disjointes* si pour $i \neq j$, $A_i \cap A_j = \varnothing$.

**Exemple** (3.2.2)

a. Soit

$A = \{x \in \mathbb{R} \mid x^2 + x \leq 2\}$ et $B = \{x \in \mathbb{R} \mid |x - 1/2| > 3/2\}$ :
$A = [-2, 1]$ et $B = ]-\infty, -1[ \cup ]2, +\infty[$

$A \cup B = ]-\infty, 1] \cup ]2, +\infty[ \qquad A \cap B = [-2, -1[ \qquad A \setminus B = [-1, 1]$

b. Pour tout $n \in \mathbb{N}^*$, soit $A_n = ]0, 1/n]$ :

$$\bigcup_{n \in \mathbb{N}^*} A_n = ]0, 1] \qquad \bigcap_{n \in \mathbb{N}^*} A_n = \varnothing$$

c. Soit $E$ un ensemble, désignons par $A$ et $B$ des parties de $E$,

$$\overline{\overline{A}} = A$$
$$A \setminus B = A \cap \overline{B}$$
$$A \cap B = \varnothing \iff B \subset \overline{A}.$$

d. Soient $E$ un ensemble et $A, B$ et $C$ des parties de $E$ :

$(A \cup B) \cap C = (A \cap C) \cup (B \cap C)$ distributivité de l'intersection sur l'union
$(A \cap B) \cup C = (A \cup C) \cap (B \cup C)$ distributivité de l'union sur l'intersection

**partitions**

Soient $E$ un ensemble, et $(A_i)_{i \in I}$ une famille de parties de $E$. L'ensemble des $A_i$ est une partition de $E$ si les deux conditions suivantes sont réalisées :

- les $A_i$ sont deux à deux disjointes (pour $i \neq j$, $A_i \cap A_j = \varnothing$)
- la réunion des $A_i$ est $E$ ($\bigcup_{i \in I} A_i = E$).

**Exemple (3.2.3)**

a. Soit $E$ un ensemble, désignons par $A$ et $B$ des parties de $E$ :
$$\Big(\{A, B\} \text{ est une partition de } E\Big) \iff B = \overline{A}.$$

b. Si $E = \{a, b, c\}$, alors $\{\{a\}, \{b\}, \{c\}\}$ est une partition de $E$.

### produit cartésien

- Considérons deux ensembles $E$ et $F$, leur *produit cartésien*, noté $E \times F$, est l'ensemble des couples $(x, y)$, où $x$ est un élément de $E$ et $y$ est un élément de $F$ :
$$E \times F = \{(x, y) \mid x \in E \text{ et } y \in F\}.$$

- Soient $E_1, E_2, \ldots, E_n$ $n$ ensembles, on définit de même leur produit cartésien :
$$E_1 \times E_2 \times \cdots \times E_n = \{(x_1, x_2, \ldots, x_n) \mid x_i \in E_i \text{ pour } i = 1, 2, \ldots, n\}.$$

Si $E$ est un ensemble, on notera $E^n$ le produit cartésien $E \times E \times \cdots \times E$ ($n$ fois). $E^n$ est l'ensemble des *$n$-uplets* d'éléments de $E$.

## 2.2 applications

$E$ et $F$ étant deux ensembles *non vides*, une application $f$ de $E$ dans $F$ associe à tout élément $x$ de $E$ un unique élément de $F$, noté $f(x)$ et appelé *image de $x$ par $f$*.

Le graphe de l'application $f : E \to F$ est alors l'ensemble des couples $(x, f(x))$, où $x$ est un élément de $E$ :
$$\text{Graph}(f) = \{(x, f(x)) \mid x \in E\}.$$

Si $y$ est un élément de $F$, on appelle *antécédent de $y$ par $f$* tout élément $x$ de $E$ tel que $f(x) = y$.

Il est important de noter que tout élément de $E$ a une seule image par $f$, mais qu'un élément de $F$ peut avoir un ou plusieurs antécédents, ou même n'en avoir aucun.

## restriction

Soit $f$ une application de $E$ dans $F$ et $A$ une partie de $E$, on appelle *restriction de $f$ à $A$*, notée $f|_A$, l'application de $A$ dans $F$ définie par

$$f|_A : A \to F$$
$$x \mapsto f(x).$$

**Exemple (3.2.4)**

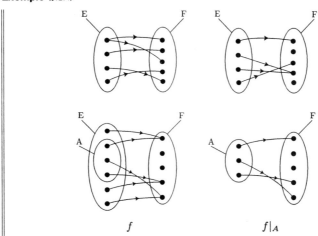

## image et image réciproque d'un ensemble par une application

Soit $f$ une application de $E$ dans $F$ et $A$ une partie de $E$, l'*image de $A$ par $f$*, notée $f(A)$, est l'ensemble des images des éléments de $A$ :

$$f(A) = \{f(x) \mid x \in A\}.$$

On peut encore définir $f(A)$ comme l'ensemble des éléments de $F$ qui ont un antécédent dans $A$ :

$$f(A) = \{y \in F \mid \exists\, x \in A,\ y = f(x)\}.$$

Soit $A'$ une partie de $F$, l'*image réciproque de $A'$ par $f$*, notée $f^{-1}(A')$, est l'ensemble des éléments de $E$ dont l'image appartient à $A'$ :

$$f^{-1}(A') = \{x \in E \mid f(x) \in A'\}.$$

**Exemple** (3.2.5)

  a. Soit $f$ une application de $E$ dans $F$,
  - $f(E)$, appelé image de $f$, est l'ensemble des éléments de $F$ qui ont au moins un antécédent.
  - $f^{-1}(F) = E$.
  - $f(\varnothing) = \varnothing$ et $f^{-1}(\varnothing) = \varnothing$.
  - Pour tout élément $y$ de $F$, $f^{-1}(\{y\})$ est l'ensemble des antécédents de $y$.

  b. Soit $f$ une application de $E$ dans $F$ et $A$ et $B$ des parties de $E$,

$$A \subset B \Rightarrow f(A) \subset f(B)$$
$$f(A \cup B) = f(A) \cup f(B)$$
$$f(A \cap B) \subset f(A) \cap f(B).$$

  c. Soit l'application $f : \mathbb{R} \to \mathbb{R}, x \mapsto |x|$, et soit $A = [-1, 0]$ et $B = [0, 1]$,

$$f(A \cap B) = \{0\} \quad \text{et} \quad f(A) \cap f(B) = [0, 1],$$

l'inclusion $f(A \cap B) \subset f(A) \cap f(B)$ est stricte.

  d. Soit $f$ une application de $E$ dans $F$ et $A'$ et $B'$ des parties de $F$,

$$A' \subset B' \Rightarrow f^{-1}(A') \subset f^{-1}(B')$$
$$f^{-1}(A' \cup B') = f^{-1}(A') \cup f^{-1}(B')$$
$$f^{-1}(A' \cap B') = f^{-1}(A') \cap f^{-1}(B')$$
$$f^{-1}(\overline{A'}) = \overline{f^{-1}(A')}$$
$$f(A' \setminus B') = f^{-1}(A') \setminus f^{-1}(B').$$

## injection, surjection, bijection

Soit $f$ une application de $E$ dans $F$ :
  $f$ est *injective* si tout élément de $F$ a *au plus* un antécédent
  $f$ est *surjective* si tout élément de $F$ a *au moins* un antécédent
  $f$ est *bijective* si tout élément de $F$ a *exactement* un antécédent.

• COMPLÉMENTS •

Notons que :

($f$ est injective) $\iff \left( \forall\, (x,x') \in E^2 ,\ x \neq x' \Rightarrow f(x) \neq f(x') \right)$

($f$ est surjective) $\iff f(E) = F$

($f$ est bijective) $\iff$ ($f$ est injective et surjective).

Considérons une *bijection* $f$ de $E$ dans $F$. En associant à tout élément $y$ de $F$ son unique antécédent par $f$, on définit une application de $F$ dans $E$ notée $f^{-1}$. L'application $f^{-1}$ est bijective et on l'appelle *bijection réciproque de* $f$
$$f(x) = y \iff x = f^{-1}(y).$$

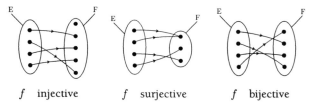

$f$  injective  $\qquad$  $f$  surjective  $\qquad$  $f$  bijective

### Exemple (3.2.6)

a. L'application $\mathrm{id}_E : \begin{array}{c} E \to E \\ x \mapsto x \end{array}$ appelée identité de $E$ est évidemment bijective.

b. Une injection $f$ de $E$ dans $F$ est une bijection de $E$ dans $f(E)$.

c. $f : \begin{array}{c} \mathbb{R} \to \mathbb{Z} \\ x \mapsto [x] \end{array}$ est une surjection non injective.

$f : \begin{array}{c} \mathbb{N} \to \mathbb{N} \\ n \mapsto 2n \end{array}$ est une injection non surjective.

$f : \begin{array}{c} \mathbb{R} \to \mathbb{R} \\ x \mapsto 2x \end{array}$ est une bijection.

d. On appelle permutation de $E$ toute bijection de $E$ dans lui-même et on note $\sigma(E)$ l'ensemble des permutations de $E$.

### composée d'applications

Soit $f$ une application de $E$ dans $F$ et $g$ une application de $F$ dans $G$, l'*application composée* $g \circ f$ de $E$ dans $G$ est définie par :
$$(g \circ f)(x) = g(f(x)).$$

**Exemple** (3.2.7)

a. Si $f$ est une bijection de $E$ dans $F$, alors on a $f^{-1} \circ f = \mathrm{id}_E$ et $f \circ f^{-1} = \mathrm{id}_F$. Réciproquement, si $f$ est une application de $E$ dans $F$ et s'il existe une application $h$ de $F$ dans $E$ telle que l'on ait $h \circ f = \mathrm{id}_E$ et $f \circ h = \mathrm{id}_F$, alors $f$ est bijective et $h = f^{-1}$.

b. La composée de deux injections est une injection.
La composée de deux surjections est une surjection.
La composée de deux bijections $f$ et $g$ est une bijection et l'on a :
$$(g \circ f)^{-1} = f^{-1} \circ g^{-1}.$$

c. On appelle involution de $E$ toute application $s$ de $E$ dans lui-même telle que: $s \circ s = \mathrm{id}_E$. Toute involution $s$ de $E$ est bijective et $s^{-1} = s$.

### fonction indicatrice

Considérons un ensemble $E$ et une partie $A$ de $E$. On appelle *fonction indicatrice de $A$* l'application de $E$ dans la paire $\{0, 1\}$, notée $\chi_A$ et définie par :
$$\chi_A(x) = \begin{cases} 1 \text{ si } & x \in A, \\ 0 \text{ si } & x \notin A. \end{cases}$$

Considérons à présent deux parties $A$ et $B$ de $E$ :

$$\chi_A = \chi_B \iff A = B$$
$$\chi_{A \cap B} = \chi_A \, \chi_B$$
$$\chi_{\overline{A}} = 1 - \chi_A$$
$$\chi_{A \cup B} = \chi_A + \chi_B - \chi_{A \cap B}$$
$$(\chi_{A \cup B} = \chi_A + \chi_B) \iff (A \cap B) = \varnothing$$

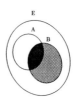

## 2.3 ensembles finis et dénombrables

### ensembles finis

Un ensemble *fini* est un ensemble contenant 0 ou $n$ éléments, $n \in \mathbb{N}^*$.

## cardinal

Le nombre d'éléments d'un ensemble fini est appelé son *cardinal*:

$\operatorname{card} E = 0$ signifie que $E = \varnothing$

$\operatorname{card} E = n$ signifie que $E$ contient $n$ éléments.

Deux ensembles $E$ et $F$ ont même cardinal si et seulement si il existe une bijection $f$ de $E$ dans $F$.

## ensembles dénombrables

Un ensemble $E$ est dénombrable si on peut indexer ses éléments par les entiers naturels, c'est-à-dire s'il existe une bijection $\varphi : k \mapsto x_k$ de $\mathbb{N}$ dans $E$.

Si $E = \{x_k \mid k \in \mathbb{N}\}$ est un ensemble dénombrable, et s'il existe une bijection $f$ de $E$ dans $F$, alors $F$ est un ensemble dénombrable.

### Exemple (3.2.8)

**a.** $\mathbb{N}$ est dénombrable: considérer la bijection

$$\varphi : \mathbb{N} \to \mathbb{N}$$
$$k \mapsto k$$

$\mathbb{N}^*$ est dénombrable:

$$\varphi : \mathbb{N} \to \mathbb{N}^*$$
$$k \mapsto k+1$$

$\mathbb{Z}$ est dénombrable:

$$\varphi : \mathbb{N} \to \mathbb{Z}$$
$$2p \mapsto p$$
$$2p+1 \mapsto -(p+1)$$

**b.** $\mathbb{N}^2$, $\mathbb{Z}^2$, $\mathbb{N}^4$, ... sont dénombrables.

$\mathbb{Q}$ est dénombrable.

**c.** $\mathbb{R}$ n'est pas dénombrable et si $a < b$, l'intervalle $]a, b[$ n'est pas dénombrable.

**d.** Toute partie de $\mathbb{N}$ est finie ou dénombrable.

Plus généralement, toute partie d'un ensemble dénombrable est finie ou dénombrable.

**e.** Un ensemble $E$ est dénombrable si et seulement s'il existe une injection de $E$ dans $\mathbb{N}$.

**f.** Tout ensemble indexé par un ensemble dénombrable d'indices est dénombrable.

**g.** Soit $E$ un ensemble, une famille $(x_i)_{i \in I}$ d'éléments de $E$ est dite finie ou dénombrable si $I$ est un ensemble fini ou dénombrable d'indices.

• ENSEMBLES ET APPLICATIONS •

## 3.2.4 cardinal d'un ensemble fini

▬ Considérons un ensemble $E$ fini de cardinal $n$. Toute partie $A$ de $E$ est un ensemble fini et contient au plus $n$ éléments; si $A$ contient $n$ éléments, alors $A$ contient tous les éléments de $E$ et n'est autre que l'ensemble $E$ lui-même

$$A \subset E \Rightarrow \operatorname{card} A \leq \operatorname{card} E$$

$$(A \subset E \text{ et } \operatorname{card} A = \operatorname{card} E) \iff A = E.$$

▬ Soit $E$ et $F$ deux ensembles finis de même cardinal $n \in \mathbb{N}^*$, et $f$ une application de $E$ dans $F$ :

$(f \text{ injective}) \iff (f \text{ surjective}) \iff (f \text{ bijective}).$

### propriétés des cardinaux

Soit $E$ un ensemble fini et $A$ et $B$ des parties de $E$,

▬ $(A \cap B = \varnothing) \Rightarrow \Big(\operatorname{card}(A \cup B) = \operatorname{card} A + \operatorname{card} B\Big).$
▬ $\operatorname{card} \overline{A} = \operatorname{card} E - \operatorname{card} A.$
▬ $\operatorname{card}(A \setminus B) = \operatorname{card} A - \operatorname{card}(A \cap B).$
▬ $(B \subset A) \Rightarrow \Big(\operatorname{card}(A \setminus B) = \operatorname{card} A - \operatorname{card} B\Big).$
▬ $\operatorname{card}(A \cup B) = \operatorname{card} A + \operatorname{card} B - \operatorname{card}(A \cap B).$

### formule du crible ou de Poincaré

Soit $E$ un ensemble fini et $A_1, \ldots, A_m$ $m$ parties de $E$,

$$\operatorname{card}(A_1 \cup \cdots \cup A_m) = \sum_{i=1}^{m} \operatorname{card} A_i - \sum_{1 \leq i_1 < i_2 \leq m} \operatorname{card}(A_{i_1} \cap A_{i_2}) + \cdots$$

$$+ (-1)^{k-1} \sum_{1 \leq i_1 < \cdots < i_k \leq m} \operatorname{card}(A_{i_1} \cap \cdots \cap A_{i_k}) + \cdots$$

$$+ (-1)^{m-1} \operatorname{card}(A_1 \cap \cdots \cap A_m).$$

Ce qui s'écrit encore

$$\operatorname{card}(A_1 \cup \cdots \cup A_m) = \sum_{k=1}^{m} (-1)^{k-1} S_k$$

où

$$S_k = \sum_{1 \leq i_1 < \cdots < i_k \leq m} \operatorname{card}(A_{i_1} \cap \cdots \cap A_{i_k}).$$

### partitions d'un ensemble fini

Soit $E$ un ensemble fini et $\{A_1, \ldots, A_m\}$ une partition de $E$, alors :

$$\operatorname{card} E = \operatorname{card} A_1 + \cdots + \operatorname{card} A_m = \sum_{i=1}^{m} \operatorname{card} A_i.$$

### cardinal d'un produit cartésien

▶ $E$ et $F$ étant deux ensembles finis, leur produit cartésien $E \times F$ est aussi un ensemble fini et on a :

$$\operatorname{card}(E \times F) = (\operatorname{card} E)(\operatorname{card} F)$$

| $E \setminus F$ | $y_1$ | $y_2$ | $\cdots$ | $y_s$ |
|---|---|---|---|---|
| $x_1$ | $(x_1, y_1)$ | $(x_1, y_2)$ | $\cdots$ | $(x_1, y_s)$ |
| $x_2$ | $(x_2, y_1)$ | $(x_2, y_2)$ | $\cdots$ | $(x_2, y_s)$ |
| $\cdots$ | $\cdots$ | $\cdots$ | $\cdots$ | $\cdots$ |
| $x_r$ | $(x_r, y_1)$ | $(x_r, y_2)$ | $\cdots$ | $(x_r, y_s)$ |

Il y a $rs$ couples $(x_i, y_j)$, $E \times F$ contient donc bien $rs$ éléments.

▶ Plus généralement, soit $E_1, \ldots, E_n$ $n$ ensembles finis, alors le produit cartésien $E_1 \times \cdots \times E_n$ est un ensemble fini et on a :

$$\operatorname{card}(E_1 \times \cdots \times E_n) = (\operatorname{card} E_1) \times \cdots \times (\operatorname{card} E_n).$$

Si $E$ est un ensemble fini, on a :

$$\operatorname{card}(E^n) = (\operatorname{card} E)^n.$$

## 3.3 sommations

Ce paragraphe traite des sommes finies et infinies de réels. Etant donnée une famille de réels $(x_i)_{i \in I}$ indexée par un ensemble $I$, on cherche à définir et à calculer *la somme de tous les $x_i$* notée

$$\sum_{i \in I} x_i.$$

La notation adoptée indique que cette somme ne doit pas dépendre de l'ordre dans lequel on additionne les $x_i$.

Si l'ensemble $I$ est fini, l'existence de $\sum_{i \in I} x_i$ ne pose aucun problème ; seul le cas où $I$ est infini exige certaines précautions.

On dira que la famille $(x_i)_{i \in I}$ est *sommable* lorsque sa somme $\sum_{i \in I} x_i$ existe.

## 3.1 familles sommables
### rappel sur les séries absolument convergentes

La somme $\sum_{k=0}^{+\infty} u_k$ d'une série *absolument convergente* est indépendante de l'ordre dans lequel sont pris les termes de la suite $(u_k)_{k \in \mathbb{N}}$ : on peut les permuter et les regrouper selon ses désirs afin de calculer des sous-totaux que l'on additionne par la suite.

**Exemple** (3.3.1)

a. Si $q$ est un complexe tel que $|q| < 1$, les séries $\sum q^k$, $\sum k q^{k-1}$ et $\sum k(k-1)q^{k-2}$ sont absolument convergentes et leurs sommes valent :

$$\sum_{k=0}^{+\infty} q^k = \frac{1}{1-q}; \quad \sum_{k=1}^{+\infty} k q^{k-1} = \frac{1}{(1-q)^2}; \quad \sum_{k=2}^{+\infty} k(k-1) q^{k-2} = \frac{2}{(1-q)^3}.$$

b. Soit $x$ un complexe quelconque, la série $\sum \frac{x^k}{k!}$ est absolument convergente et sa somme vaut :

$$\sum_{k=0}^{+\infty} \frac{x^k}{k!} = e^x.$$

c. Considérons à présent la série de terme général $u_k$ ($k \in \mathbb{N}^*$) défini par :

$$u_{2p-1} = -\frac{1}{p} \quad \text{et} \quad u_{2p} = \frac{1}{p} \quad (p \in \mathbb{N}^*).$$

Pour tout $n \in \mathbb{N}^*$,

$$S_n = \sum_{k=1}^{n} u_k = \begin{cases} 0 & \text{si } n \text{ est pair} \\ -\frac{2}{n+1} & \text{si } n \text{ est impair} \end{cases} \quad \text{d'où} \quad \lim_{n \to \infty} S_n = 0.$$

La série $\sum u_k$ est donc convergente et sa somme $\sum_{k=1}^{+\infty} u_k$ vaut 0. Cependant $\sum u_k$ n'est pas absolument convergente.

### familles sommables

Soit $(x_i)_{i \in I}$ une famille finie ou dénombrable de réels, c'est-à-dire indexée par un ensemble $I$ fini ou dénombrable :

- Si $I = \emptyset$, $\sum_{i \in I} x_i = 0$.
- Si $I = \{i_1, i_2, \ldots, i_n\}$, $\sum_{i \in I} x_i = x_{i_1} + x_{i_2} + \cdots + x_{i_n}$.
- Si $I = \{i_k \mid k \in \mathbb{N}\}$ est un ensemble dénombrable, la famille de réels $(x_i)_{i \in I} = (x_{i_k})_{k \in \mathbb{N}}$ est *sommable* si et seulement si la série de terme général $x_{i_k}$ est *absolument convergente*, et on a alors :

$$\sum_{i \in I} x_i = \sum_{k=0}^{+\infty} x_{i_k}.$$

### 3.3.2 calcul de sommes

#### associativité généralisée

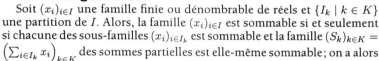

Soit $(x_i)_{i \in I}$ une famille finie ou dénombrable de réels et $\{I_k \mid k \in K\}$ une partition de $I$. Alors, la famille $(x_i)_{i \in I}$ est sommable si et seulement si chacune des sous-familles $(x_i)_{i \in I_k}$ est sommable et la famille $(S_k)_{k \in K} = \left(\sum_{i \in I_k} x_i\right)_{k \in K}$ des sommes partielles est elle-même sommable ; on a alors

$$\sum_{i \in I} x_i = \sum_{k \in K} \left(\sum_{i \in I_k} x_i\right).$$

Ainsi, on peut calculer la somme d'une famille sommable en calculant d'abord des "sous-totaux" que l'on additionne ensuite pour obtenir la somme totale.

#### interversion des signes $\sum$

- $I = [\![1, n]\!] \times [\![1, p]\!]$ :

$$\sum_{(i,j) \in [\![1,n]\!] \times [\![1,p]\!]} x_{ij} = \sum_{i=1}^{n} \left(\sum_{j=1}^{p} x_{ij}\right) = \sum_{j=1}^{p} \left(\sum_{i=1}^{n} x_{ij}\right)$$

$$\sum_{(i,j) \in [\![1,n]\!] \times [\![1,p]\!]} x_i y_j = \left[\sum_{i=1}^{n} x_i\right] \left[\sum_{j=1}^{p} y_j\right]$$

- $I = \mathbb{N}^2$ :

- si $(x_{ij})_{(i,j)\in\mathbb{N}^2}$ est une famille sommable, on peut écrire

$$\sum_{(i,j)\in\mathbb{N}^2} x_{ij} = \sum_{i=0}^{+\infty}\left(\sum_{j=0}^{+\infty} x_{ij}\right) = \sum_{j=0}^{+\infty}\left(\sum_{i=0}^{+\infty} x_{ij}\right) = \sum_{k=0}^{+\infty}\left(\sum_{i+j=k} x_{ij}\right).$$

- si $(x_i)_{i\in\mathbb{N}}$ et $(y_j)_{j\in\mathbb{N}}$ sont deux suites de réels, la famille $(x_i y_j)_{(i,j)\in\mathbb{N}^2}$ est sommable si et seulement si chacune des deux séries $\sum x_i$ et $\sum y_j$ est absolument convergente, et on a alors

$$\sum_{(i,j)\in\mathbb{N}^2} x_i y_j = \left[\sum_{i=0}^{+\infty} x_i\right]\left[\sum_{j=0}^{+\infty} y_j\right].$$

## 3.4 intégration

### 3.4.1 intégrales simples

Nous supposons connue la théorie de l'intégration d'une fonction continue ou continue par morceaux sur un segment et rappelons dans cette section les définitions et propriétés se rapportant aux intégrales sur un intervalle quelconque.

$a$ et $b$ désignent soit des réels, soit les symboles $-\infty$ et $+\infty$, et sont toujours tels que $a < b$.

**définition de la convergence**

- Soit $f$ une fonction continue sur $[a, b[$, l'intégrale $\int_a^b f(t)\,dt$ vaut :

$$\int_a^b f(t)\,dt = \lim_{x\to b^-} \int_a^x f(t)\,dt$$

si cette limite est *finie*, et n'existe pas dans le cas contraire.
De même, si $f$ est continue sur $]a, b]$,

$$\int_a^b f(t)\,dt = \lim_{x\to a^+} \int_x^b f(t)\,dt.$$

- Soit $f$ une fonction continue sur $]a, b[$ et $c$ un point de $]a, b[$, l'intégrale $\int_a^b f(t)\,dt$ vaut

$$\int_a^b f(t)\,dt = \int_a^c f(t)\,dt + \int_c^b f(t)\,dt$$

• COMPLÉMENTS •

à condition que ces deux intégrales existent.

- Soit $f$ une fonction continue sur $]a,b[$ sauf éventuellement en un nombre fini de points $a_1 < a_2 < \cdots < a_n$, alors

$$\int_a^b f(t)\,dt = \int_a^{a_1} f(t)\,dt + \int_{a_1}^{a_2} f(t)\,dt + \cdots + \int_{a_n}^b f(t)\,dt$$

sous réserve que chacune de ces intégrales existe.

Une intégrale est dite *convergente* lorsqu'elle existe. L'existence et la valeur éventuelle de $\int_a^b f(t)\,dt$ sont indépendantes des valeurs prises par $f$ en un nombre *fini* de points de $[a,b]$.

### combinaison linéaire d'intégrales convergentes

Si $\int_a^b f(t)\,dt$ et $\int_a^b g(t)\,dt$ sont deux intégrales convergentes, alors pour tous réels $\lambda$ et $\mu$, l'intégrale $\int_a^b (\lambda f(t)+\mu g(t))\,dt$ est convergente et on a :

$$\int_a^b (\lambda f(t)+\mu g(t))\,dt = \lambda \int_a^b f(t)\,dt + \mu \int_a^b g(t)\,dt.$$

### convergence de l'intégrale d'une fonction positive

- Si $f$ est continue et positive sur $[a,b[$ alors la fonction $F : x \mapsto \int_a^x f(t)\,dt$ est croissante sur $[a,b[$ et admet donc une limite finie en $b$ si et seulement si elle est majorée, autrement dit

$$\int_a^b f(t)\,dt \quad \text{converge si et seulement s'il existe un réel } M \text{ tel que :}$$

$$\forall\, x \in [a,b[\,, \qquad \int_a^x f(t)\,dt \leq M.$$

- Si $f$ est continue et positive sur $]a,b]$ alors la fonction $G : x \mapsto \int_x^b f(t)\,dt$ est décroissante et admet donc une limite finie en $a$ si et seulement si elle est majorée, c'est-à-dire que

$$\int_a^b f(t)\,dt \quad \text{converge si et seulement s'il existe un réel } M \text{ tel que :}$$

$$\forall\, x \in ]a,b]\,, \qquad \int_x^b f(t)\,dt \leq M.$$

### théorèmes de comparaison pour les intégrales de fonctions positives

- Si $f$ et $g$ sont deux fonctions continues et positives sur $[a, b[$ (resp. sur $]a, b]$) et telles que

$$\forall\, t \in [a, b[ \quad (\text{resp. } ]a, b]), \qquad 0 \leq f(t) \leq g(t)$$

alors

$$\int_a^b g(t)\, dt \quad \text{converge} \;\Rightarrow\; \int_a^b f(t)\, dt \quad \text{converge}.$$

- Si $f$ et $g$ sont deux fonctions continues et positives sur $[a, b[$ (resp. sur $]a, b]$) et telles que

$$f(t) \sim g(t) \quad \text{au voisinage de } b \quad (\text{resp. au voisinage de } a)$$

alors les deux intégrales $\int_a^b f(t)\, dt$ et $\int_a^b g(t)\, dt$ sont de même nature.

### convergence absolue

L'intégrale $\int_a^b f(t)\, dt$ est dite *absolument convergente* lorsque $\int_a^b |f(t)|\, dt$ existe.

On montre à l'aide des théorèmes de comparaison que la convergence absolue entraîne la convergence; par contre, la réciproque est fausse.

### intégrales de Riemann

L'intégrale $\int_1^{+\infty} \frac{1}{t^\alpha}$ est convergente si et seulement si $\alpha > 1$.
L'intégrale $\int_0^1 \frac{1}{t^\alpha}\, dt$ est convergente si et seulement si $\alpha < 1$.

### changement de variable $t = \varphi(u)$

Soit $f$ une fonction continue sur $]a, b[$ et $\varphi$ une bijection de classe $C^1$ d'un intervalle $]\alpha, \beta[$ dans $]a, b[$. L'intégrale $\int_a^b f(t)\, dt$ converge si et seulement si $\int_\alpha^\beta f(\varphi(u))\, \varphi'(u)\, du$ converge, auquel cas ces deux intégrales sont égales.

#### Exemple (3.4.1)

Pour montrer la convergence et calculer l'intégrale $\int_0^1 \frac{dt}{\sqrt{1-t^2}}$, on effectue le changement de variable $t = \sin u$ ($u \in ]0, \pi/2[$) :

$$\int_0^1 \frac{dt}{\sqrt{1-t^2}} = \int_0^{\pi/2} \frac{\cos u\, du}{\cos u} = \frac{\pi}{2}.$$

• COMPLÉMENTS •

### intégration par parties

Soit $f$ une fonction définie sur $]a, b[$ par :

$$f(t) = u'(t)\, v(t)$$

où $u$ et $v$ désignent deux fonctions de classe $C^1$ sur $]a, b[$ telles que leur produit $uv$ admet des limites finies en $a$ et en $b$.

Alors l'intégrale $\int_a^b f(t)\, dt$ converge si et seulement si $\int_a^b u(t)\, v'(t)\, dt$ converge et on a alors :

$$\int_a^b f(t)\, dt = \int_a^b u'(t)\, v(t)\, dt$$
$$= \left[ \lim_{x \to b^-} u(x)v(x) - \lim_{x \to a^+} u(x)v(x) \right] - \int_a^b u(t)\, v'(t)\, dt.$$

L'expression entre crochets est parfois notée $[u(t)\, v(t)]_a^b$ ce qui permet d'écrire :

$$\int_a^b u'(t)\, v(t)\, dt = [u(t)\, v(t)]_a^b - \int_a^b u(t)\, v'(t)\, dt.$$

### propriétés de l'intégrale indéfinie $x \mapsto \int_a^x f(t)dt$

Soit $f$ une fonction continue sur $]a, b[$, sauf éventuellement en un nombre fini de points $a_1 < a_2 \cdots < a_n$ et telle que l'intégrale $I = \int_a^b f(t)\, dt$ existe. La fonction $F$ définie sur $\mathbb{R}$ par :

$$F(x) = \int_a^x f(t)\, dt$$

est alors continue sur $]a, b[$, continûment dérivable en tout point $x$ où $f$ est continue et de dérivée $F'(x) = f(x)$; d'autre part,

$$\begin{cases} \lim_{x \to b^-} F(x) = \lim_{x \to b^-} \int_a^x f(t)\, dt = I \\ \lim_{x \to a^+} F(x) = \lim_{x \to a^+} \int_a^x f(t)\, dt = 0 \end{cases} \quad \text{ce qui s'écrit encore} \quad \begin{cases} F(b) = I \\ F(a) = 0. \end{cases}$$

**Exemple (3.4.2)**

Etude de la fonction $\Gamma : p \mapsto \int_0^{+\infty} e^{-t} t^{p-1}\, dt$

▶ La fonction $\Gamma$ est définie sur $]0, +\infty[$
▶ Expression de $\Gamma(x+1)$ en fonction de $\Gamma(x)$ :

Soit $x > 0$, une intégration par parties permet d'écrire

$$\Gamma(x+1) = \int_0^{+\infty} e^{-t} t^x \, dt = [-e^{-t} t^x]_0^{+\infty} + \int_0^{+\infty} e^{-t} x t^{x-1} \, dt$$
$$= x \, \Gamma(x)$$

- Calcul de $\Gamma(p)$, où $p$ est un entier naturel non nul :
$\Gamma(1) = 1$.
Pour tout $p \in \mathbb{N}^*$,
$$\Gamma(p+1) = p \, \Gamma(p)$$

Par une récurrence évidente, on obtient pour tout $p \in \mathbb{N}^*$ :
$$\Gamma(p) = (p-1)!$$

- Calcul de $\Gamma(p + 1/2)$, où $p$ est un entier naturel :
$\Gamma\left(\frac{1}{2}\right) = \int_0^{+\infty} \frac{1}{\sqrt{t}} e^{-t} \, dt$, effectuons le changement de variable $t = u^2$, $u \in ]0, +\infty[$ :
$$\Gamma\left(\frac{1}{2}\right) = \int_0^{+\infty} 2 e^{-u^2} \, du.$$

Nous anticipons ici sur la section suivante (exemple 3.4.9) où l'on démontre que :
$$\int_0^{+\infty} e^{-u^2} \, du = \frac{1}{2}\sqrt{\pi}, \quad \text{d'où} \quad \Gamma\left(\frac{1}{2}\right) = \sqrt{\pi}.$$

Pour tout $p \in \mathbb{N}$,
$$\Gamma\left(p + \frac{3}{2}\right) = \left(p + \frac{1}{2}\right) \Gamma\left(p + \frac{1}{2}\right).$$

Par récurrence, on obtient pour tout $p \in \mathbb{N}$ :
$$\Gamma\left(p + \frac{1}{2}\right) = \left(p - \frac{1}{2}\right) \cdots \left(\frac{3}{2}\right) \left(\frac{1}{2}\right) \Gamma\left(\frac{1}{2}\right)$$
$$= \frac{(2p-1)\cdots(3)(1)}{2^p} \Gamma\left(\frac{1}{2}\right)$$
$$= \frac{(2p)!}{2^{2p} p!} \sqrt{\pi}.$$

• COMPLÉMENTS •

## 3.4.2 Intégrales doubles

Les fonctions $\mu$ de deux variables $x$ et $y$ considérées dans cette section sont supposées *bornées* et *continues* sur $\mathbb{R}^2$ sauf éventuellement en un nombre fini de droites ou d'arcs de courbe définis par des fonctions à dérivées bornées.

Nous admettrons que dans ce cas, l'intégrale double

$$\iint_D \mu(x,y)\,dx\,dy$$

existe sur toute partie bornée $D$ de $\mathbb{R}^2$ de la forme

$$D = \left\{(x,y) \in \mathbb{R}^2 \mid a \leq x \leq b \text{ et } \varphi_1(x) \leq y \leq \varphi_2(x)\right\}$$

ou

$$D = \left\{(x,y) \in \mathbb{R}^2 \mid c \leq y \leq d \text{ et } \psi_1(y) \leq x \leq \psi_2(y)\right\}$$

et se calcule de la façon suivante :

$$\iint_D \mu(x,y)\,dx\,dy = \int_a^b \left(\int_{\varphi_1(x)}^{\varphi_2(x)} \mu(x,y)\,dy\right) dx$$

ou

$$\iint_D \mu(x,y)\,dx\,dy = \int_c^d \left(\int_{\psi_1(y)}^{\psi_2(y)} \mu(x,y)\,dx\right) dy,$$

$\varphi_1$ et $\varphi_2$ (resp. $\psi_1$ et $\psi_2$) désignant des fonctions continues sur $[a,b]$ (resp. sur $[c,d]$).

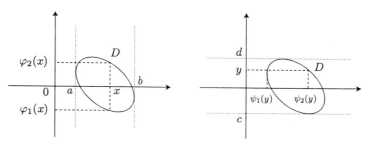

**Remarque (3.4.3)** — L'intégrale $\iint_D \mu(x,y)\,dx\,dy$ est inchangée si l'on remplace, dans la définition de $D$, certaines des inégalités larges par des inégalités strictes.

**Exemple (3.4.4)**

a. Intégrale sur un rectangle
$$D = [a,b] \times [c,d], \quad \text{ou} \quad ]a,b] \times [c,d[, \quad \text{ou} \quad ]a,b[\times]c,d[, \quad \text{etc}\dots$$
$$\iint_D \mu(x,y)\,dx\,dy = \int_a^b \left(\int_c^d \mu(x,y)dy\right)dx = \int_c^d \left(\int_a^b \mu(x,y)dx\right)dy.$$

b. Calcul d'aires

Soit $D$ une partie bornée du plan $\mathbb{R}^2$, son aire est définie par :
$$\text{aire}(D) = \iint_D dx\,dy.$$

En particulier, si
$$D = \{(x,y) \in \mathbb{R}^2 \mid a \leq x \leq b \text{ et } \varphi_1(x) \leq y \leq \varphi_2(x)\},$$
l'aire de $D$ existe et vaut :
$$\text{aire}(D) = \int_a^b \left(\int_{\varphi_1(x)}^{\varphi_2(x)} dy\right)dx = \int_a^b (\varphi_2(x) - \varphi_1(x))dx.$$

**propriétés de l'intégrale double**

i. Linéarité :
$$\iint_D (\lambda_1 \mu_1(x,y) + \lambda_2 \mu_2(x,y))\,dx\,dy$$
$$= \lambda_1 \iint_D \mu_1(x,y)\,dx\,dy + \lambda_2 \iint_D \mu_2(x,y)\,dx\,dy.$$

ii. Positivité :

Si $\mu(x,y) \geq 0$ pour tout $(x,y) \in D$, alors
$$\iint_D \mu(x,y)\,dx\,dy \geq 0.$$

Si $\mu_1(x,y) \leq \mu_2(x,y)$ pour tout $(x,y) \in D$, alors

$$\iint_D \mu_1(x,y)\,dx\,dy \leq \iint_D \mu_2(x,y)\,dx\,dy.$$

iii. Relation de Chasles :
Si $D \cap D' = \varnothing$, alors

$$\iint_{D \cup D'} \mu(x,y)\,dx\,dy = \iint_D \mu(x,y)\,dx\,dy + \iint_{D'} \mu(x,y)\,dx\,dy.$$

Si $D' \subset D$ et $\mu(x,y) \geq 0$ pour tout $(x,y) \in D$, alors

$$\iint_{D'} \mu(x,y)\,dx\,dy \leq \iint_D \mu(x,y)\,dx\,dy.$$

### Intégrale double sur $\mathbb{R}^2$ d'une fonction positive

En pratique, nous admettrons que l'intégrale double $I = \iint_{\mathbb{R}^2} \mu(x,y)\,dx\,dy$ d'une fonction $\mu$ positive sur $\mathbb{R}^2$ existe si et seulement si l'une ou l'autre des fonctions $f$ et $g$ définies par

$$f(x) = \int_{-\infty}^{+\infty} \mu(x,y)\,dy \qquad g(y) = \int_{-\infty}^{+\infty} \mu(x,y)\,dx$$

est continue sur $\mathbb{R}$ sauf éventuellement en un nombre fini de points et admet une intégrale entre $-\infty$ et $+\infty$ (si l'une des fonctions $f$ et $g$ satisfait ces conditions, l'autre les satisfait automatiquement) ; et dans ce cas

$$I = \int_{-\infty}^{+\infty} f(x)\,dx = \int_{-\infty}^{+\infty} g(y)\,dy.$$

Plus généralement, soit $D$ une partie de $\mathbb{R}^2$ non nécessairement bornée, limitée par une ou plusieurs courbes continues ; par exemple,

$$D = \left\{ (x,y) \in \mathbb{R}^2 \mid x \in ]a,b[ \text{ et } y \geq \varphi(x) \right\}$$

où $a$ et $b$ désignent soit des réels, soit $-\infty$ ou $+\infty$, et $\varphi$ est une fonction continue sur $]a,b[$. Nous admettrons que l'intégrale double $\iint_D \mu(x,y)\,dx\,dy$ d'une fonction *positive* sur $D$ existe dès lors qu'on peut la calculer de la façon suivante :

$$\iint_D \mu(x,y)\,dx\,dy = \int_a^b \left( \int_{\varphi(x)}^{+\infty} \mu(x,y)\,dy \right) dx.$$

Une propriété importante est que si l'intégrale double $\iint_{\mathbb{R}^2} \mu(x,y)\,dx\,dy$ d'une fonction positive sur $\mathbb{R}^2$ existe, alors $\iint_D \mu(x,y)\,dx\,dy$ existe sur toute partie $D$ de $\mathbb{R}^2$, bornée ou non, limitée par des courbes de fonctions continues.

**Remarque (3.4.5)** – Si $D$ est elle-même la courbe d'une fonction continue, en particulier si $D$ est une droite du plan $\mathbb{R}^2$, alors

$$\iint_D \mu(x,y)\,dx\,dy = 0.$$

**Exemple (3.4.6)**

**a.** Soit $\mu$ la fonction définie par:

$$\mu(x,y) = \begin{cases} \exp(-x^2 y) & \text{si } x > 1 \text{ et } y > 0 \\ 0 & \text{si } x \leq 1 \text{ ou } y \leq 0 \end{cases}$$

$$\iint_{\mathbb{R}^2} \mu(x,y)\,dx\,dy = 1.$$

**b.** Soit $\mu$ la fonction définie par

$$\mu(x,y) = \frac{2(x+y)}{(x^2+y^2+2xy+1)^2}$$

et soit l'ensemble $D = \{(x,y) \in \mathbb{R}^2 \mid x \leq -1 \text{ et } y \geq -2x\}$

$$\iint_D \mu(x,y)\,dx\,dy = \frac{\pi}{4}.$$

**c.** Soit $\mu$ la fonction indicatrice d'une partie $D$ bornée de $\mathbb{R}^2$ :

$$\mu(x,y) = \begin{cases} 1 & \text{si } (x,y) \in D \\ 0 & \text{sinon} \end{cases}$$

• COMPLÉMENTS •

on a alors
$$\iint_{\mathbb{R}^2} \mu(x,y)\,dx\,dy = \iint_D dx\,dy = \text{aire}(D).$$

### intégrale double sur $\mathbb{R}^2$ d'une fonction de signe quelconque

Avant de pouvoir calculer l'intégrale double $I = \iint_{\mathbb{R}^2} \mu(x,y)\,dx\,dy$ d'une fonction de signe quelconque, a priori non constant sur $\mathbb{R}^2$, il faut démontrer l'existence de $I$ en montrant l'existence de

$$\iint_{\mathbb{R}^2} |\mu(x,y)|\,dx\,dy.$$

Alors seulement, on peut calculer $I$ à l'aide des formules servant à déterminer l'intégrale double d'une fonction positive.

**Remarque (3.4.7)** – *Tandis qu'une intégrale simple peut être convergente mais non absolument convergente (c'est le cas de l'intégrale $\int_\pi^{+\infty} \frac{\cos t}{t}\,dt$), cette distinction n'existe pas pour les intégrales doubles :*

$$I = \iint_{\mathbb{R}^2} \mu(x,y)\,dx\,dy \quad \text{existe si et seulement si} \quad \iint_{\mathbb{R}^2} |\mu(x,y)|\,dx\,dy \quad \text{existe.}$$

*Les égalités*

$$\iint_{\mathbb{R}^2} \mu(x,y)\,dx\,dy = \int_{-\infty}^{+\infty}\left(\int_{-\infty}^{+\infty} \mu(x,y)\,dy\right)dx$$

*et*

$$\iint_{\mathbb{R}^2} \mu(x,y)\,dx\,dy = \int_{-\infty}^{+\infty}\left(\int_{-\infty}^{+\infty} \mu(x,y)\,dx\right)dy$$

*permettant de calculer $I$ ne valent que si* $\iint_{\mathbb{R}^2} |\mu(x,y)|\,dx\,dy$ *existe.*

*Ce qui vient d'être énoncé pour $\mathbb{R}^2$ est vrai pour toute partie $D$ de $\mathbb{R}^2$ limitée par des courbes de fonctions continues.*

**Exemple (3.4.8)**

Soit $f$ et $g$ deux fonctions continues sur les intervalles respectivement $]a, b[$ et $]c, d[$, $a, b, c, d$ désignant des réels, ou bien $-\infty$ ou $+\infty$. L'intégrale double $\iint_{]a,b[\times]c,d[} f(x)\,g(y)\,dx\,dy$ existe si et seulement si les deux intégrales $\int_a^b f(x)\,dx$ et $\int_c^d g(y)\,dy$ sont absolument convergentes, et dans ce cas on a :

$$\iint_{]a,b[\times]c,d[} f(x)\,g(y)\,dx\,dy = \left(\int_a^b f(x)\,dx\right)\left(\int_c^d g(y)\,dy\right).$$

## utilisation des coordonnées polaires

Il est souvent très commode, pour calculer une intégrale double $\iint_D \mu(x, y)\,dx\,dy$ de faire le changement de variable

$$x = r\cos\theta \qquad y = r\sin\theta,$$

$r$ étant un élément de $\mathbb{R}^+$ et $\theta$ appartenant à un intervalle $[\alpha, \alpha+2\pi[$ d'amplitude $2\pi$. Définissons alors l'ensemble :

$$\Delta = \{(r, \theta) \in \mathbb{R}^+ \times [\alpha, \alpha+2\pi[ \mid (r\cos\theta, r\sin\theta) \in D\}.$$

On a l'égalité suivante :

$$\iint_D \mu(x, y)\,dx\,dy = \iint_\Delta \mu(r\cos\theta, r\sin\theta)\,r\,dr\,d\theta.$$

**Exemple (3.4.9)**

▬ Calcul de l'intégrale double $\iint_{\mathbb{R}^2} e^{-\frac{(x^2+y^2)}{2}}\,dx\,dy$ en utilisant les coordonnées polaires :

$$\iint_{\mathbb{R}^2} e^{-\frac{(x^2+y^2)}{2}}\,dx\,dy = \iint_{\mathbb{R}_+ \times [0, 2\pi[} e^{-\frac{r^2}{2}}\,r\,dr\,d\theta$$

$$= \left(\int_0^{2\pi} d\theta\right)\left(\int_0^{+\infty} e^{-\frac{r^2}{2}}\,r\,dr\right) = 2\pi.$$

- Calcul de $I = \int_{-\infty}^{+\infty} e^{-\frac{x^2}{2}}\,dx$ :

$$\iint_{\mathbb{R}^2} e^{-\frac{(x^2+y^2)}{2}}\,dx\,dy = \iint_{\mathbb{R}^2} e^{-\frac{x^2}{2}} e^{-\frac{y^2}{2}}\,dx\,dy$$

$$= \left(\int_{-\infty}^{+\infty} e^{-\frac{x^2}{2}}\,dx\right)\left(\int_{-\infty}^{+\infty} e^{-\frac{y^2}{2}}\,dy\right) = I^2.$$

D'où on conclut
$$I = \int_{-\infty}^{+\infty} e^{-\frac{x^2}{2}}\,dx = \sqrt{2\pi}.$$

- Calcul de $\Gamma(\frac{1}{2}) = \int_0^{+\infty} e^{-u^2}\,du$ :
  En effectuant le changement de variable $u = x/\sqrt{2}$, on obtient :

$$I = \int_{-\infty}^{+\infty} e^{-u^2}\,du = \frac{1}{\sqrt{2}}\int_{-\infty}^{+\infty} e^{-\frac{x^2}{2}}\,dx$$

c'est-à-dire
$$\int_{-\infty}^{+\infty} e^{-u^2}\,du = \sqrt{\pi}.$$

On remarque alors que la fonction $u \mapsto e^{-u^2}$ est paire et on fait le changement de variable $u = -v$, ce qui donne

$$\int_{-\infty}^{0} e^{-u^2}\,du = \int_{0}^{+\infty} e^{-v^2}\,dv.$$

D'où finalement
$$\Gamma\left(\tfrac{1}{2}\right) = \int_0^{+\infty} e^{-u^2}\,du = \frac{1}{2}\int_{-\infty}^{+\infty} e^{-u^2}\,du = \frac{1}{2}\sqrt{\pi}.$$

### 3.4.3 Intégrales multiples

Il s'agit simplement de généraliser les résultats obtenus pour les intégrales doubles.

#### Intégrale d'une fonction positive sur $\mathbb{R}^p$

Nous avons défini l'intégrale double d'une fonction positive de deux variables. Soit $p \geq 3$, si l'intégrale multiple d'une fonction positive de $p-1$ variables est définie, alors on peut définir l'intégrale multiple d'une fonction positive de $p$ variables :

$$\iint \cdots \iint_{\mathbb{R}^p} \mu(x_1, x_2, \ldots, x_{p-1}, x_p) dx_1 \, dx_2 \ldots dx_{p-1} \, dx_p$$
$$= \int_{-\infty}^{+\infty} \left( \iint \cdots \int_{\mathbb{R}^{p-1}} \mu(x_1, x_2, \ldots, x_{p-1}, x_p) dx_1 \, dx_2 \ldots dx_{p-1} \right) dx_p,$$

sous réserve qu'on puisse intégrer entre $-\infty$ et $+\infty$ la fonction

$$h : x_p \mapsto \iint \cdots \int_{\mathbb{R}^{p-1}} \mu(x_1, x_2, \ldots, x_{p-1}, x_p) \, dx_1 \, dx_2 \ldots dx_{p-1} \, .$$

### intégrale multiple d'une fonction de signe quelconque

Si $\mu$ est une fonction de signe quelconque, a priori non constant sur $\mathbb{R}^p$, alors l'intégrale multiple $\iint \cdots \int_{\mathbb{R}^p} \mu(x_1, x_2, \ldots, x_p) \, dx_1 \, dx_2 \ldots dx_p$ existe si et seulement si $\iint \cdots \int_{\mathbb{R}^p} |\mu(x_1, x_2, \ldots, x_p)| dx_1 \, dx_2 \ldots dx_p$ existe et dans ce cas, elle peut être calculée à l'aide de l'une des formules :

$$\iint \cdots \int_{\mathbb{R}^p} \mu(x_1, x_2, \ldots, x_p) \, dx_1 \, dx_2 \ldots dx_p$$
$$= \int_{-\infty}^{+\infty} \left( \int \cdots \int_{\mathbb{R}^{p-1}} \mu(x_1, \ldots, x_{p-1}, x_p) dx_1 \ldots dx_{p-1} \right) dx_p,$$

les rôles des variables $x_1, x_2, \ldots, x_p$ étant interchangeables.

**Remarque (3.4.10)** – *Si $\mu$ est de la forme*

$$\mu(x_1, x_2, \ldots, x_p) = f_1(x_1) \, f_2(x_2) \ldots f_p(x_p)$$

*alors $\iint \cdots \int_{\mathbb{R}^p} f_1(x_1) \, f_2(x_2) \ldots f_p(x_p) \, dx_1 \, dx_2 \ldots dx_p$ existe si et seulement si chacune des intégrales $\int_{-\infty}^{+\infty} f_i(x_i) \, dx_i$ est absolument convergente, et dans ce cas:*

$$\iint \cdots \int_{\mathbb{R}^p} f_1(x_1) \, f_2(x_2) \ldots f_p(x_p) \, dx_1 \, dx_2 \ldots dx_p =$$

$$\left(\int_{-\infty}^{+\infty} f_1(x_1)\, dx_1\right) \left(\int_{-\infty}^{+\infty} f_2(x_2)\, dx_2\right) \ldots \left(\int_{-\infty}^{+\infty} f_p(x_p)\, dx_p\right).$$

**exercices**
CHAPITRE 4

# exercices

## Exercices du chapitre 1

### Exercice (1.1)
Quel est le nombre de suites croissantes de 3 éléments de $[\![1,3]\!]$?

**Indice —**
Ecrire tous les triplets $(i,j,k) \in [\![1,3]\!]^3$ tels que $i \leq j \leq k$.

### Exercice (1.2)
On s'intéresse aux entiers naturels dont l'écriture ne nécessite pas d'autres chiffres que 1 et 2.
1. Combien y a-t-il de tels entiers de $n$ chiffres?
2. Combien y en a-t-il d'au plus $n$ chiffres?

**Indices —**
1. Un entier de $n$ chiffres 1 ou 2 est une $n$-liste de $\{1,2\}$.
2. Additionner, pour $k$ allant de 1 à $n$, les nombres d'entiers de $k$ chiffres 1 ou 2.

### Exercice (1.3)
Cinq personnes piochent chacune leur tour une carte dans un jeu de 32 cartes et la remettent aussitôt dans le jeu. Combien y a-t-il de cas où
1. les personnes piochent cinq cartes différentes?
2. deux personnes au moins piochent la même carte?
3. les personnes piochent cinq cartes de valeurs différentes?

**Indices —**
1. Soit $E$ l'ensemble des 32 cartes. On cherche le nombre de suites de 5 éléments distincts de $E$.
2. Passer au complémentaire.
3. Dénombrer les possibilités pour les valeurs. Celles-ci étant choisies, dénombrer les possibilités pour les couleurs.

• EXERCICES •

**Exercice (1.4)**

On dispose de 10 boules de couleurs différentes que l'on décide de numéroter de 1 à 10. Combien de numérotations sont possibles ?

*Indice —*
   *Une numérotation des 10 boules définit une bijection de l'ensemble $[1, 10]$ dans l'ensemble des 10 boules.*

**Exercice (1.5)**

Dix chevaux numérotés sont au départ d'une course.
1. Combien de tiercés dans l'ordre sont possibles ?
2. Parmi ces tiercés, combien y en a-t-il où le numéro 2 est premier ?
3. Combien de tiercés dans le désordre sont possibles ?

*Indices —*
   1. *Un tiercé dans l'ordre est un pari sur les numéros des trois chevaux gagnants ainsi que leur ordre d'arrivée.*
   3. *Au tiercé dans le désordre, on ne précise pas l'ordre d'arrivée des trois chevaux gagnants.*

**Exercice (1.6)**

De combien de façons une hôtelière peut-elle loger quatre clients dans les six chambres libres de son hôtel
1. en mettant éventuellement plusieurs personnes dans la même chambre ?
2. en donnant des chambres séparées à ses quatre clients ?

*Indices —*
   1. *Lorsque l'hôtelière place ses clients, elle réalise une application de l'ensemble des quatre clients dans l'ensemble des six chambres.*
   2. *Lorsque l'hôtelière donne des chambres différentes à chaque client, elle réalise une injection de l'ensemble des quatre clients dans l'ensemble des six chambres.*

**Exercice (1.7)**

Combien y a-t-il de pièces dans un jeu de dominos ?

*Indices —*
   1. *Un domino est un rectangle dont chacune des deux moitiés est blanche ou bien porte un numéro compris entre 1 et 6.*

• EXERCICES •

2. Dénombrer les dominos dont les deux moitiés sont différentes, puis ajouter les doubles.

### Exercice (1.8)

On dispose de 12 boules numérotées de 1 à 12. De combien de façons équitables peut-on répartir ces 12 boules entre
1. Pierre et Marie ?
2. Pierre, Jules et Marie ?

*Indices* −

1. *Il s'agit de donner 6 boules à Pierre, et le reste à Marie.*
2. *Il s'agit de donner 4 boules à Pierre puis, parmi les 8 qui restent, d'en choisir 4 pour Jules et de donner le reste à Marie.*

### Exercice (1.9)

1. Calculer les sommes
$$S = \sum_{k=0}^{n} C_n^k \quad \text{et} \quad S' = \sum_{k=0}^{n} (-1)^k C_n^k.$$

2. Calculer les sommes
$$S_1 = \sum_{k=0}^{[\frac{n}{2}]} C_n^{2k} \quad \text{et} \quad S_2 = \sum_{k=0}^{[\frac{n-1}{2}]} C_n^{2k+1}.$$

3. $E$ désignant un ensemble à $n$ éléments ($n \in \mathbb{N}$), montrer qu'il y a autant de parties de $E$ contenant un nombre pair d'éléments que de parties contenant un nombre impair d'éléments.

*Indices* −

*Utiliser la formule du binôme pour 1. et 2.*
2. *Calculer $S_1 + S_2$ et $S_1 - S_2$.*
3. *Comparer $S_1$ au nombre de parties de $E$ contenant un nombre pair d'éléments.*

**Exercice (1.10)**

1. A l'aide de la formule de Pascal, calculer
$$\sum_{k=n}^{2n} C_{k-1}^{n-1}.$$

2. Combien de mots de $2n$ lettres peut-on former avec $n$ lettres $A$ et $n$ lettres $B$ ?
Retrouver le résultat précédant en dénombrant, parmi ces mots, ceux où le dernier $A$ occupe la $k^e$ place.

*Indices* —

1. $C_{k-1}^{n-1} = C_k^n - C_{k-1}^n$, pour tout $k \in [\![n, 2n]\!]$, avec la convention $C_{n-1}^n = 0$ (c'est la formule de Pascal).
2. Un mot de $2n$ lettres contenant $n$ lettres $A$ et $n$ lettres $B$ est entièrement déterminé par la donnée des $n$ places occupées par les lettres $A$.
2. Si le dernier $A$ occupe la $k^e$ place, de combien de façons peuvent se placer les $n-1$ autres lettres $A$ ?

**Exercice (1.11)**

Calculer les sommes
$$S = \sum_{k=p}^{n} C_k^p \quad \text{et} \quad S' = \sum_{k=p}^{n} k C_k^p.$$

*Indices* —

— Utiliser la formule de Pascal.
— $k C_k^p = (k+1) C_k^p - C_k^p$.
— $(k+1) C_k^p = (p+1) C_{k+1}^{p+1}$

**Exercice (1.12)**

Calculer
$$\sum_{k=0}^{n} C_n^k (-1)^k (n-k)^n$$

*Indices* —

— Le nombre de surjections d'un ensemble à $p$ éléments dans un ensemble à $n$

éléments est :

$$S_{p,n} = \sum_{k=0}^{n} C_n^k (-1)^k (n-k)^p.$$

➤ Une application d'un ensemble à $n$ éléments dans un ensemble à $n$ éléments est surjective si et seulement si elle est bijective.

### Exercice (1.13)

1. Déterminer le nombre d'involutions de $[\![1,2]\!]$ et de $[\![1,3]\!]$.
2. Soit $T_n$ le nombre d'involutions de $[\![1,n]\!]$. Montrer que pour $n \geq 3$,
$$T_n = T_{n-1} + (n-1)T_{n-2}$$
3. En déduire le nombre d'involutions de $[\![1,4]\!]$ et de $[\![1,5]\!]$.

*Indices —*

➤ Une involution est une permutation qui, composée avec elle-même, redonne l'identité.
➤ Représenter graphiquement les 6 permutations de $[\![1,3]\!]$ et compter celles qui sont des involutions.
➤ Déterminer le nombre d'involutions $s$ de $[\![1,n]\!]$ vérifiant $s(n)=n$. Déterminer, pour $1 \leq i \leq n-1$, le nombre d'involutions $s$ de $[\![1,n]\!]$ vérifiant $s(n)=i$.

### Exercice (1.14)

On appelle partage par paires d'un ensemble toute partition dont les parties contiennent chacune deux éléments.
Quel est le nombre de partages par paires d'un ensemble à $2n$ éléments ?

*Indices —*

➤ Il s'agit de dénombrer les ensembles $\{A_1, A_2, \ldots, A_n\}$, où $A_1, A_2, \ldots, A_n$ sont $n$ paires deux à deux disjointes de $E$.
➤ Dénombrer d'abord les suites $(A_1, A_2, \ldots, A_n)$ de paires deux à deux disjointes de $E$.

### Exercice (1.15)

Soit $E$ un ensemble à $n$ éléments.
1. Etant donnée une partie $A$ de $E$ contenant $p$ éléments, déterminer le

cardinal des ensembles suivants :

i) $\{B \in \mathscr{P}(E)/B \subset A\}$
ii) $\{B \in \mathscr{P}(E)/A \cap B = \varnothing\}$
iii) $\{B \in \mathscr{P}(E)/A \subset B\}$.

2. Pour tout $p \in \mathbb{N}$, déterminer le cardinal de l'ensemble
$$\{(A,B) \in \mathscr{P}(E)^2 / \operatorname{card} A = p \text{ et } A \cap B = \varnothing\}.$$

3. En déduire le cardinal de l'ensemble
$$\{(A,B) \in \mathscr{P}(E)^2 / A \cap B = \varnothing\}.$$

### Indices —

1. *Quel est le nombre de parties d'un ensemble à p éléments ?*

   i) *Une partie de $B$ de $E$ incluse dans $A$ est une partie de $A$.*
   ii) *Une partie $B$ de $E$ disjointe de $A$ est une partie de $\overline{A}$.*
   iii) *Une partie $B$ de $E$ contenant $A$ s'écrit de façon unique sous la forme $A \cup C$, où $C$ est une partie de $\overline{A}$.*

3. *Utiliser la formule du binôme.*

### Exercice (1.16)

Un joueur de poker reçoit 5 cartes d'un jeu de 32 cartes, on appelle cela une main.
1. Quel est le nombre de mains possibles ?
2. Quel est le nombre de mains contenant
   i) au moins un roi ?
   ii) au moins deux rois ?
   iii) deux cœurs et trois piques ?
   iv) deux paires ?
   v) un full ?

### Indices —

1. *Une "main" est une partie à 5 éléments de l'ensemble des 32 cartes.*
2. *Passer au complémentaire pour* i) *et* ii).
2. *Pour* iv), *choisir les deux valeurs des paires, puis choisir les couleurs, et enfin choisir la cinquième carte qui est un singleton.*
   *Pour* v), *choisir dans l'ordre la valeur de la paire et la valeur du brelan, puis choisir les couleurs.*

## Exercice (1.17)

Calculer les sommes suivantes :

$$S_1 = \sum_{k=0}^{n} kC_n^k \quad ; \quad S_2 = \sum_{k=0}^{n} k^2 C_n^k \quad ;$$

$$S_3 = \sum_{k=0}^{n} \frac{C_n^k}{k+1} \quad ; \quad S_4 = \sum_{k=0}^{[n/2]} (-1)^k C_n^{2k}.$$

### Indices −

- Utiliser la formule du binôme pour les quatre sommes.
- $kC_n^k = n\, C_{n-1}^{k-1}$, pour tout $k \in [\![1,n]\!]$.
- $k^2 C_n^k = k(k-1)C_n^k + k\, C_n^k$.

## Exercice (1.18)

Calculer les sommes

$$S_1 = \sum_{k=0}^{[\frac{n}{3}]} C_n^{3k} \quad , \quad S_2 = \sum_{k=0}^{[\frac{n-1}{3}]} C_n^{3k+1}$$

et

$$S_3 = \sum_{k=0}^{[\frac{n-2}{3}]} C_n^{3k+2}.$$

### Indices −

- Calculer $S_1 + S_2 + S_3$, $S_1 + jS_3 + j^2 S_3$ et $S_1 + j^2 S_2 + jS_3$, où $j$ est le complexe $e^{i2\pi/3}$.
-

$$\begin{cases} S_1 + S_2 + S_3 &= \sum_{k=0}^{n} C_n^k = 2^n \\ S_1 + jS_2 + j^2 S_3 &= \sum_{k=0}^{n} C_n^k j^k = (1+j)^n \\ S_1 + j^2 S_2 + jS_3 &= \sum_{k=0}^{n} C_n^k j^{2k} = (1+j^2)^n. \end{cases}$$

Résoudre ce système d'inconnues $S_1, S_2, S_3$ en cherchant des combinaisons de lignes astucieuses (sachant que $1 + j + j^2 = 0$). Additionner les trois lignes du système pour obtenir $S_1$.

## Exercice (1.19)

1. A l'aide de la formule de Vandermonde, calculer
$$\sum_{k=0}^{n}(C_n^k)^2.$$
En déduire le nombre de parties de $[\![1, 2n]\!]$ contenant autant de numéros pairs que de numéros impairs ($n \in \mathbb{N}$).
2. Calculer
$$\sum_{k=0}^{n} k(C_n^k)^2.$$

### Indices —

1. $C_n^k = C_n^{n-k}$.
1. Déterminer le nombre de parties de $[\![1, 2n]\!]$ contenant $k$ numéros pairs et $k$ numéros impairs ($0 \leq k \leq n$).
2. $k C_n^k = n C_{n-1}^{k-1}$, si $1 \leq k \leq n$.

## Exercice (1.20)

On répartit sept jetons numérotés de 1 à 7 dans trois urnes $U_1, U_2, U_3$.
1. Combien de répartitions sont possibles?
2. Parmi ces répartitions, combien y en a-t-il où
   i) l'urne $U_1$ reste vide?
   ii) l'urne $U_1$ est la seule à rester vide?
   iii) une seule urne reste vide?
   iv) deux urnes restent vides?
3. Déterminer le nombre de répartitions telles que chaque urne reçoit au moins un jeton et en déduire le nombre de surjections d'un ensemble à 7 éléments dans un ensemble à 3 éléments.

### Indices —

1. Une répartition des sept jetons numérotés dans les trois urnes $U_1, U_2, U_3$ peut être assimilée à une application de l'ensemble $[\![1, 7]\!]$ dans l'ensemble $\{U_1, U_2, U_3\}$.
2. Une répartition où l'urne $U_1$ reste vide est une répartition des 7 jetons dans les deux urnes $U_2$ et $U_3$; on l'assimile à une application de $[\![1, 7]\!]$ dans $\{U_2, U_3\}$. Si l'urne $U_1$ est la seule à rester vide, il faut éliminer les deux cas où les jetons sont tous dans la même urne $U_2$ ou $U_3$.
3. Passer au complémentaire et utiliser les résultats de 1. et 2.

• EXERCICES •

### Exercice (1.21)

Soient $n \in \mathbb{N}^*$ et $p$ un entier $\geq n$, déterminer le cardinal de l'ensemble
$$\{(x_1, \ldots, x_n) \in (\mathbb{N}^*)^n / x_1 + \cdots + x_n = p\}.$$

**Indices** —

- Considérer que $x_i$ représente le nombre de boules que reçoit le tiroir $T_i$ lorsqu'on répartit $p$ boules indiscernables dans $n$ tiroirs $T_1, \ldots, T_n$.
- Un élément $(x_1, \ldots, x_n) \in (\mathbb{N}^*)^n$ tel que $x_1 + \cdots + x_n = p$ est assimilé à une répartition de $p$ boules indiscernables dans $n$ tiroirs $T_1, \ldots, T_n$, où chaque tiroir reçoit au moins une boule ($x_i \neq 0$ pour tout $i \in [\![1, n]\!]$).
- Le nombre de répartitions de $p$ boules indiscernables dans $n$ tiroirs $T_1, \ldots, T_n$, où chaque tiroir reçoit au moins une boule, est égal au nombre de répartitions des $(p-n)$ boules qui restent, lorsqu'on a mis une boule dans chaque tiroir.

### Exercice (1.22)

1. Combien y a-t-il de suites strictement décroissantes de 8 éléments de $[\![-6, 9]\!]$ ?
2. En déduire le nombre de suites décroissantes de 8 éléments de $[\![1, 9]\!]$. Comparer le résultat obtenu avec le nombre $\Gamma_9^8$ de suites croissantes de 8 éléments de $[\![1, 9]\!]$.

**Indices** —

- Il y a autant de suites strictement décroissantes de 8 éléments de $[\![-6, 9]\!]$ que de parties à 8 éléments de cet ensemble.
- Chercher une bijection de l'ensemble des suites décroissantes de 8 éléments de $[\![1, 9]\!]$ dans l'ensemble des suites strictement décroissantes de $[\![-6, 9]\!]$.
- 
$$\varphi : (x_1, x_2, x_3, \ldots, x_8) \to (x_1, x_2 - 1, x_3 - 2, \ldots, x_8 - 7)$$

définit une bijection de l'ensemble des suites décroissantes de 8 éléments de $[\![1, 9]\!]$ dans l'ensemble des suites strictement décroissantes de 8 éléments de $[\![-6, 9]\!]$.

• EXERCICES •

**Exercice (1.23)**

Trois personnes $A, B, C$ se partagent sept pièces de 1 franc.
1. Combien de partages sont possibles ?
2. Combien y a-t-il de partages où chaque personne reçoit quelque chose ?
3. Reprendre les questions 1. et 2. avec un nombre $n$ quelconque de pièces.

*Indices* —

   1. *Les sept pièces de 1 franc sont indiscernables. Un partage de ces pièces est symbolisé par un mot de 9 signes : 2 signes "|" et 7 signes "◯". Les "|" marquent les séparations entre les personnes $A, B$ et $C$, et les "◯" symbolisent les pièces.*
   *Exemple : Si $A$ reçoit 3 francs, $B$ ne reçoit rien et $C$ reçoit 4 francs, ce partage sera représenté par le mot*

   2. *Pour que chaque personne $A, B, C$ reçoive quelque chose, on commence par donner un franc à chacune, puis on répartit entre elles les quatre pièces qui restent.*

**Exercice (1.24)**

1. De combien de façons une femme peut-elle arranger deux bagues différentes sur l'index, le majeur et l'annulaire de sa main droite ? (On suppose pour simplifier que ses doigts sont de même grosseur).
2. Reprendre la question précédente avec un nombre $n$ quelconque de bagues.

*Indices* —

   1. *Dessiner les différents arrangements possibles. Attention à tenir compte de l'ordre des bagues sur un doigt.*
   2. *Déterminer d'abord le nombre de façons de choisir les emplacements (indifférenciés) des $n$ bagues.*
   2. *Lorsque sont choisis les emplacements des bagues, de combien de façons peut-on arranger les $n$ bagues différentes ?*

• EXERCICES •

### Exercice (1.25)

Un chocolatier vend $n$ sortes de bonbons au chocolat ($n \geq 3$). Il offre gracieusement trois chocolats à l'un de ses clients en lui demandant de les choisir.
1. Quel est le nombre de choix où le client goûte trois sortes de bonbons différentes ?
2. Quel est le nombre de choix où il goûte seulement deux sortes différentes ?
3. Quel est le nombre total de choix possibles ?
4. Dénombrer les compositions possibles d'une boîte contenant $p$ chocolats.

*Indices* —

> 2. *On ne distingue pas deux chocolats d'une même sorte. Ainsi, choisir trois chocolats de 2 sortes différentes revient à choisir la sorte dont on prend un seul chocolat, puis l'autre sorte dont on prend deux chocolats.*
> 4. *Deux boîtes de $p$ chocolats ont même composition si elles contiennent le même nombre de chocolats de chaque sorte.*
> *Numérotons de 1 à $n$ les sortes de chocolats différentes. La composition d'une boîte de $p$ chocolats peut dès lors être assimilée à un élément $(x_1, \ldots, x_n)$ de $\mathbb{N}^n$ vérifiant $x_1 + \cdots + x_n = p$ ($x_i$ désignant le nombre de chocolats de sorte $i$ que contient la boîte).*

## Exercices du chapitre 2

### Exercice (2.1)

On lance deux fois un dé honnête. $\Omega = [\![1, 6]\!]^2$.
1. Trouver un libellé pour l'événement
$$A = \{(1,1); (2,2); (3,3); (4,4); (5,5); (6,6)\}.$$
2. A quelle partie de $\Omega$ correspond l'événement $B$ : "la somme des deux numéros est $\leq 4$".
3. Calculer la probabilité des événements $A$, $B$, $A \cap B$, $A \cup B$, $A \setminus B$ et $B \setminus A$.

*Indices* —

> 3. $\Omega = [\![1, 6]\!]^2$ *est un univers de résultats équiprobables.*
> 3. $P(A) = \dfrac{\operatorname{card} A}{\operatorname{card} \Omega}.$

• EXERCICES •

**Exercice (2.2)**
On lance trois fois de suite un dé honnête. $\Omega = [\![1,6]\!]^3$.
1. A quelles parties de $\Omega$ correspondent les événements
   $A$ : "on n'obtient pas d'as au cours des trois lancers",
   $B$ : "on obtient exactement deux as",
   $C$ : "on obtient au moins un as",
   $D$ : "on obtient un as au deuxième et au troisième lancers"?
2. Calculer la probabilité de ces événements.

*Indices* —

2. $\Omega = [\![1,6]\!]^3$ *est un univers de résultats équiprobables.*

2. $P(A) = \dfrac{\operatorname{card} A}{\operatorname{card} \Omega} = \dfrac{\operatorname{card}([\![2,6]\!]^3)}{\operatorname{card}([\![1,6]\!]^3)}$.

**Exercice (2.3)**
Une urne contient deux jetons portant le numéro 1, trois jetons 2, un jeton 3 et cinq jetons 4.
1. On tire au hasard un jeton de l'urne. Quelle est la probabilité de tirer un numéro pair?
2. On tire simultanément deux jetons de l'urne. Quelle est la probabilité d'obtenir deux fois le même numéro?

*Indices* —

*Déterminer le nombre de résultats équiprobables de chacune des deux expériences.*

1. *Lorsqu'on tire un jeton de l'urne, les 11 jetons de l'urne ont tous la même probabilité d'être tirés.*
2. *Lorsqu'on tire simultanément deux jetons de l'urne, les $C_{11}^2$ paires de jetons ont toutes la même probabilité d'être tirées.*

**Exercice (2.4)**
On lance deux dés. Quelle est la probabilité que la somme des numéros soit
1. paire (événement $A$)?
2. multiple de 3 (événement $B$)?

### Indices —

- L'ensemble $\Omega = [\![1,6]\!]^2$ des couples de numéros obtenus avec l'un et l'autre dés est un univers de résultats équiprobables.
- Ecrire les parties de $\Omega = [\![1,6]\!]^2$ auxquelles correspondent les événements $A$ et $B$.

### Exercice (2.5)

On lance un dé 4 fois de suite. Quelle est la probabilité d'obtenir 4 numéros différents (événement $A$)?

### Indices —

- L'ensemble $\Omega = [\![1,6]\!]^4$ des suites de numéros obtenus est un univers de résultats équiprobables.
- Quel est le nombre de suites de 4 éléments distincts de $[\![1,6]\!]$?

### Exercice (2.6)

Un point se déplace au hasard dans une sphère $S$ de centre O et de rayon 1. On note sa position à un instant donné : quelle est la probabilité que sa distance au centre de la sphère soit
1. égale à $1/2$?
2. inférieure à $1/2$?
3. comprise entre $1/3$ et $2/3$?

### Indices —

- La probabilité $P$ considérée est la probabilité uniforme sur la sphère $S$.
- Soit $A$ une partie de la sphère $S$. La probabilité que le point se trouve dans $A$ est :
$$P(A) = \frac{\text{volume } A}{\text{volume } S}.$$
1. Le volume d'une surface est nul.

### Exercice (2.7)

Six personnes lancent chacune un dé. Quelle est la probabilité
1. que toutes obtiennent le six (événement $A$)?
2. que le six soit obtenu par au moins l'une d'entre elles (événement $B$)?
3. que ni le six ni le cinq ne soit obtenu (événement $C$)?
4. que les six personnes obtiennent des numéros différents (événement $D$)?

• EXERCICES •

*Indices* —

L'ensemble $\Omega = [\![1, 6]\!]^6$ *des suites de numéros obtenus par les 6 personnes est un univers de résultats équiprobables.*
   2. *Passer par l'événement contraire.*

## Exercice (2.8)

On tire sans remise cinq cartes d'un jeu de 32 cartes. Quelle est la probabilité d'obtenir
1. deux rois et trois reines (événement $A$) ?
2. seulement des cœurs (événement $B$) ?
3. au moins un cœur (événement $C$) ?
4. un seul cœur (événement $D$) ?

   *Indice* —
   *En tenant compte de l'ordre dans lequel les cartes sont tirées, un résultat de l'expérience est un arrangement de 5 cartes prises parmi 32. Tous ces arrangements de 5 cartes sont équiprobables.*

## Exercice (2.9)

Une urne contient 10 boules dont 6 blanches et 4 noires. On effectue dans l'urne $n$ tirages d'une boule avec remise.
Quelle est la probabilité d'obtenir
1. 0 boule blanche (événement $E$) ?
2. une boule blanche suivie de $(n-1)$ noires (événement $F$) ?
3. une seule boule blanche (événement $G$) ?
4. $k$ boules blanches suivies de $(n-k)$ noires ($k \in \mathbb{N}$) (événement $A_k$) ?
5. $k$ boules blanches ($k \in \mathbb{N}$) (événement $B_k$) ?

   *Indices* —
   *Les résultats équiprobables de cette expérience sont les $n$-listes de l'ensemble des 10 boules.*

   $$1. \quad P(E) = \frac{\text{nombre de listes favorables}}{\text{nombre de listes possibles}} = \frac{4^n}{10^n}.$$

## Exercice (2.10)

Une urne contient 10 boules dont 6 blanches et 4 noires. On en tire successivement cinq sans remise.
Quelle est la probabilité d'obtenir
1. 0 boule noire (événement $E$) ?

• EXERCICES •

2. une boule blanche suivie de 4 noires (événement $F$)?
3. une seule boule blanche (événement $G$)?
4. 2 boules blanches suivies de 3 noires (événement $A$)?
5. $k$ boules blanches ($k \in \mathbb{N}$) (événement $B_k$)?

**Indices** —

L'ensemble des arrangements de 5 boules parmi 10 est un univers de résultats équiprobables.

1. $P(E) = \dfrac{\text{nombre d'arrangements favorables}}{\text{nombre d'arrangements possibles}} = \dfrac{A_6^5}{A_{10}^5}$.

### Exercice (2.11)

On lance deux dés $n$ fois de suite ($n \geq 2$). Quelle est la probabilité d'obtenir
1. un seul double six (événement $A$)?
2. au moins deux double six (événement $B$)?
3. exactement un double six et un double cinq (événement $C$)?

**Indices** —

$\Omega = (\llbracket 1,6 \rrbracket \times \llbracket 1,6 \rrbracket)^n$ est un univers de résultats équiprobables.

1.
$$P(A) = \dfrac{\text{nombre de cas favorables}}{\text{nombre de cas possibles}}$$
$$= \dfrac{n \times 35^{n-1}}{36^n}.$$

2. $P(B) = 1 - P(\overline{B})$.

### Exercice (2.12)

On choisit au hasard un point du disque $D$ de centre O et de rayon 1. Quelle est la probabilité qu'il se trouve dans le triangle $T$ limité par les droites d'équations $x = 0$, $y = 0$ et $x+y = 1$?

**Indices** —

▶ La probabilité $P$ considérée est la probabilité uniforme sur le disque $D$ de centre O et de rayon 1.

▶ Calculer l'aire du triangle $T$ limité par les droites d'équations $x = 0$, $y = 0$ et $x+y = 1$.

**Exercice (2.13)**

On choisit un nombre au hasard dans l'intervalle $[-1, 2]$.
Quelle est la probabilité qu'il soit
1. négatif ou nul ?
2. nul ?
3. strictement supérieur à $1, 5$ ?
4. rationnel ?

*Indices* —

*La probabilité $P$ considérée est la probabilité uniforme sur le segment $[-1, 2]$.*
  *4. L'ensemble $\mathbb{Q}$ des rationnels est dénombrable, donc $\mathbb{Q} \cap [-1, 2]$ est dénombrable.*
  *Pour tout $r \in \mathbb{Q} \cap [-1, 2]$, la probabilité $P(\{r\}) = 0$ que le nombre choisi soit $r$ est nulle.*

**Exercice (2.14)**

On choisit deux nombres au hasard, respectivement dans $[0, 1]$ et $[0, 2]$.
Quelle est la probabilité que leur somme soit inférieure à 1 ?

*Indices* —

▶ *La probabilité $P$ considérée est la probabilité uniforme sur le rectangle $R = [0, 1] \times [1, 2]$ du plan $\mathbb{R}^2$.*
▶ *Représenter sur un dessin l'ensemble des points $(x, y)$ du rectangle $R = [0, 1] \times [0, 2]$ vérifiant :*
$$x + y \leq 1.$$
*Calculer l'aire de cet ensemble.*

**Exercice (2.15)**

On répartit au hasard 4 boules dans trois boîtes numérotées de 1 à 3.
Quelle est la probabilité que la première ou la seconde boîte restent vides ?

*Indices* —

▶ *Déterminer les répartitions des boules que l'on suppose numérotées de 1 à 4. Si l'on ne distingue pas les boules, on compte $C_6^4 = 15$ répartitions diffé-*

rentes, mais elles ne sont pas équiprobables. Il faut distinguer les boules en les numérotant de 1 à 4. Une répartition est alors assimilée à une 4-liste de $[\![1,3]\!]$, le $i^e$ élément de la liste étant le numéro de la boîte où se trouve la boule $i$.

- Il y a $3^4$ listes différentes, donc $3^4$ répartitions différentes, et puisque chaque boule est placée au hasard dans l'une des 3 boîtes, ces répartitions sont équiprobables.
- On note $A_i$ l'événement "la boîte numéro $i$ reste vide" ($i \in \{1,2,3\}$). Il s'agit de calculer $P(A_1 \cup A_2)$.

**Exercice (2.16)**

On tire sans remise trois jetons d'une urne contenant 10 jetons numérotés de 1 à 10. Quelle est la probabilité
1. que le plus grand numéro obtenu soit inférieur ou égal à 5 (événement $A$)?
2. que le plus grand numéro obtenu soit un 5 (événement $B$)?
3. que le plus grand numéro obtenu soit un nombre pair (événement $C$)?
4. que le produit des trois numéros soit pair (événement $D$)?

*Indices —*

*Lorsqu'on tire trois jetons sans remise, on obtient trois numéros distincts de $[\![1,10]\!]$. Si l'on ne tient pas compte de l'ordre dans lequel les jetons sont tirés, le résultat de l'expérience est une combinaison de 3 éléments de $[\![1,10]\!]$ et ces combinaisons sont équiprobables.*

  *2. "Le plus grand numéro obtenu est un $5$" signifie que le plus grand numéro obtenu est inférieur ou égal à 5 mais non inférieur ou égal à 4.*
  *4. Le produit des trois numéros est pair si l'un d'entre eux au moins est pair.*

**Exercice (2.17)**

On tire simultanément 6 cartes d'un jeu de 52 cartes. Quelle est la probabilité d'obtenir
1. six cartes de valeurs différentes (événement A)?
2. deux brelans (événement $B$)?
3. une paire et un carré (événement $C$)?
4. trois paires (événement $D$)?
5. un brelan, une paire et un singleton (événement $E$)?

• EXERCICES •

**Indice —**
Un résultat de l'expérience est une combinaison de 5 cartes prises parmi 32. Toutes ces combinaisons de 5 cartes sont équiprobables.

### Exercice (2.18)
Un archer tire au hasard sur une cible circulaire de centre O et de rayon 1. La cible est subdivisée en couronnes concentriques $C_1, C_2, \ldots, C_{10}$ délimitées par les cercles de rayon $r_0, r_1, \ldots, r_9, r_{10}$ ($r_0 = 0$ et $r_{10} = 1$). Déterminer $r_1, r_2, \ldots, r_9$ de façon à ce chaque couronne ait la même probabilité d'être atteinte.

**Indices —**
- La probabilité $P$ considérée est la probabilité uniforme sur la cible.
- Exprimer en fonction de $r_{i-1}$ et $r_i$, la probabilité $p_i$ que la couronne $C_i$ soit atteinte.
- $p_i = P(C_i) = \dfrac{\text{aire}(C_i)}{\text{aire}(cible)}$.

### Exercice (2.19)
Un coffret est rempli de 10 diamants, 10 rubis et 20 émeraudes. On y plonge la main et on en retire 10 pierres précieuses. Quelle est la probabilité d'obtenir
1. 2 rubis (événement $A$) ?
2. 2 rubis et 2 diamants (événement $B$) ?
3. autant de rubis que de diamants (événement $C$) ?

**Indices —**
L'ensemble des combinaisons de 10 pierres précieuses parmi 40 est un univers de résultats équiprobables.

1. $P(A) = \dfrac{\text{nombre de combinaisons contenant 2 rubis}}{\text{nombre de combinaisons possibles}}$
$= \dfrac{C_{10}^2 \, C_{30}^8}{C_{40}^{10}}$.

• **EXERCICES** •

### Exercice (2.20)

La pâtissière a laissé tomber sa bague dans une pâte à gâteau qu'elle verse dans deux moules ronds de même profondeur : l'un de 30 cm, l'autre de 40 cm de diamètre. Les deux gâteaux, une fois cuits, ont même hauteur et sont divisés chacun en 16 parts égales.
Quelle chance (en pourcentage) a-t-on de trouver la bague si l'on reçoit
1. une grosse part?
2. une petite part?

*Indices –*

*– La probabilité $P$ considérée est la probabilité uniforme sur la quantité totale de gâteau.*

*– Si $A$ est un morceau de gâteau, la probabilité que la bague soit dedans est*

$$P(A) = \frac{\text{quantité de gâteau dans } A}{\text{quantité totale de gâteau}}.$$

*En toute rigueur, il faut tenir compte du poids de la bague, qui l'entraîne vers le fond du moule. La formule ci-dessus vaut alors seulement pour un morceau de gâteau dont l'épaisseur est uniforme et égale à celle des deux gâteaux. On a alors*

$$P(A) = \frac{\text{superficie de } A}{\text{superficie totale des deux gâteaux}}.$$

### Exercice (2.21)

Pierre et Paul jouent à pile ou face. Chacun lance $n$ fois une pièce de monnaie équilibrée et le gagnant est celui qui obtient le plus de pile ($n \in \mathbb{N}^*$).
1. Quelle est la probabilité d'un ex-æquo (événement $A$)?
2. Quelle est la probabilité que Pierre gagne (événement $B$)?

*Indices –*

$\Omega = \{P, F\}^n \times \{P, F\}^n$ *est un univers de résultats équiprobables.*
1. *Calculer $\sum_{k=0}^{n}(C_n^k)^2$ à l'aide de la formule de Vandermonde.*
2. *Comparer la probabilité que Pierre gagne et celle que Paul gagne.*

• EXERCICES •

**Exercice (2.22)**
Une urne contient 4 boules blanches, 3 boules noires et 2 boules rouges. On effectue dans cette urne trois tirages d'une boule avec remise. Quelle est la probabilité d'obtenir
1. trois boules de même couleur (événement $A$)?
2. trois boules de couleurs différentes (événement $A'$)?

*Indices* —

Un résultat de l'expérience est une 3-liste de l'ensemble des 9 boules contenues dans l'urne.
  1. Déterminer les probabilités d'obtenir trois boules blanches; trois boules noires; trois boules rouges.
  2. Il y a 3! ordres dans lesquels les trois couleurs peuvent apparaître. Combien y a-t-il de possibilités pour un ordre donné des couleurs?

**Exercice (2.23)**
On tire avec remise deux jetons d'une urne contenant sept jetons numérotés de 1 à 7.
1. Quelle est la probabilité de tirer deux fois le même jeton (événement $A$)?
2. Quelle est la probabilité que le premier jeton ait un numéro strictement inférieur au second (événement $B$)?

*Indices* —

  1. L'ensemble $\Omega = [\![1, 7]\!]^2$ des couples de numéros obtenus, lorsqu'on tire deux jetons avec remise, est un univers de résultats équiprobables.
  2. Par symétrie, $P(B)$ est égale à la probabilité que le deuxième jeton ait un numéro strictement inférieur au premier.
  2. $2P(B)$ est égale à la probabilité que les deux numéros obtenus soient différents.

**Exercice (2.24)**
Soient $\Omega = \mathbb{N}^*$, $\alpha$ un réel et $(p_k)_{k \in \mathbb{N}^*}$ la suite définie par :
$$\forall\ k \in \mathbb{N}^*, \qquad p_k = \frac{\alpha}{k(k+1)}.$$
Déterminer $\alpha$ pour que $(p_k)_{k \in \mathbb{N}^*}$ soit une distribution de probabilité sur $\Omega$.

**Indice** –
$$\frac{1}{k(k+1)} = \frac{1}{k} - \frac{1}{k+1}, \quad \text{pour tout} \quad k \in \mathbb{N}^*.$$

### Exercice (2.25)

Soient $(\Omega, \mathcal{A}, P)$ un espace probabilisé et $A$ et $B$ deux événements tels que
$$P(A) = 0,3 \quad , \quad P(B) = 0,2 \quad \text{et} \quad P(A \cup B) = 0,4.$$
Calculer $P(A \cap B)$.

**Indice** –
Exprimer $P(A \cup B)$ en fonction de $P(A)$, $P(B)$ et $P(A \cap B)$.

### Exercice (2.26)

On suppose que la probabilité qu'une caissière de grand magasin reçoive $k$ clients entre 15 heures et 16 heures est
$$p_k = \alpha \frac{5^k}{k!} \quad (k \in \mathbb{N}).$$

1. Calculer $\alpha$.
2. Quelle est la probabilité que la caissière reçoive moins de cinq clients?
3. Quelle est la probabilité qu'elle reçoive
   i) un nombre pair de clients?
   ii) un nombre impair de clients?

**Indices** –

1. Pour tout réel $x$,
$$\sum_{k=0}^{+\infty} \frac{x^k}{k!} = e^x.$$

3. Soit $x$ un réel. On pose
$$S_1 = \sum_{k=0}^{+\infty} \frac{x^{2k}}{(2k)!} \quad \text{et} \quad S_2 = \sum_{k=0}^{+\infty} \frac{x^{2k+1}}{(2k+1)!}.$$
Calculer $S_1 + S_2$ et $S_1 - S_2$. En déduire $S_1$ et $S_2$.

• EXERCICES •

**Exercice (2.27)**

On pioche simultanément trois boules d'une urne contenant 4 boules blanches, 3 boules noires et 2 boules rouges.
Quelle est la probabilité d'obtenir au moins une blanche et une rouge?

*Indices* −

- *L'urne contient 9 boules. Toutes les poignées de 3 boules parmi 9 ont la même probabilité d'être tirées.*
- *On note $B$ (resp. $R$) l'événement "la poignée obtenue ne contient pas de boule blanche (resp. rouge)". Il s'agit de calculer $P(\overline{B} \cap \overline{R})$.*
- $P(\overline{B} \cap \overline{R}) = 1 - P(B \cup R)$.

**Exercice (2.28)**

On choisit au hasard un sous-ensemble de $[\![1, n]\!]$ ($n \geq 3$). Quelle est la probabilité que ce sous-ensemble
1. contienne 1 et 2?
2. ne contienne ni 1 ni 2?
3. contienne 1 ou 2?

*Indices* −

1. *Les $2^n$ sous-ensembles de $[\![1, n]\!]$ ont la même probabilité d'être obtenus. Dénombrer les sous-ensembles de $[\![3, n]\!]$.*
2. *Un sous-ensemble de $[\![1, n]\!]$ contenant 1 et 2 est de la forme $\{1, 2\} \cup C$, où $C$ est un sous-ensemble de $[\![3, n]\!]$.*
3. *Si $A$ et $B$ sont deux événements,*

$$P(A \cup B) = P(A) + P(B) - P(A \cap B).$$

**Exercice (2.29)**

On lance indéfiniment un dé à six faces. On note $A_i$ l'événement "le 6 est obtenu pour la première fois au $i^e$ lancer" et $E$ l'événement "le 6 n'est jamais obtenu".
1. Calculer $P(A_i)$, ($i \in \mathbb{N}^*$).
2. Calculer $P(E)$.
3. Quelle est la probabilité
   i) que le premier numéro pair obtenu soit un six (événement $B$)?
   ii) d'obtenir un 6 avant un numéro impair (événement $C$)?
   iii) d'obtenir le 2 avant le 6 (événement $D$)?
   iv) d'obtenir une seule fois le 2 avant le 6 (événement $F$)?

### Indices —

1. Le nombre de résultats possibles, lorsqu'on lance $i$ fois un dé, est $6^i$ ($i \in \mathbb{N}^*$). Si le dé est régulier, ces $6^i$ résultats sont équiprobables.
2. $P(E) = P\left(\bigcap_{i \in \mathbb{N}^*} \overline{A_i}\right) = 1 - P\left(\bigcup_{i \in \mathbb{N}^*} A_i\right)$.
3. $\{A_i / i \in \mathbb{N}^*\}$ est un système quasi-complet d'événements, donc

$$P(B) = \sum_{i=1}^{+\infty} P(B \cap A_i).$$

### Exercice (2.30)

Soit $(\Omega, \mathscr{A}, P)$ un espace probabilisé. Déduire de l'égalité :

$$P(A \cup B) = P(A) + P(B) - P(A \cap B) \quad \text{(1)},$$

valable pour deux événements quelconques, des expressions de

$$P(A \cup B \cup C) \quad \text{et} \quad P(A \cup B \cup C \cup D).$$

### Indices —

- Appliquer l'égalité (1) aux événements $(A \cup B)$ et $C$ pour calculer $P(A \cup B \cup C)$.
- Appliquer l'égalité (1) aux événements $(A \cap C)$ et $(B \cap C)$ pour calculer $P\big((A \cup B) \cap C\big) = P((A \cap C) \cup (B \cap C))$.
- Appliquer l'égalité (1) aux événements $(A \cup B \cup C)$ et $D$ pour calculer $P(A \cup B \cup C \cup D)$, puis utiliser l'expression trouvée pour la probabilité d'une réunion de trois événements.

### Exercice (2.31)

On tire successivement et avec remise $n$ boules d'une urne contenant 4 boules blanches, 3 boules noires, 2 boules rouges et 1 boule verte.
1. Quelle est la probabilité d'obtenir au moins une boule blanche et une boule noire ?
2. Quelle est la probabilité d'obtenir au moins une boule blanche, une boule noire et une boule verte ?
3. Quelle est la probabilité d'obtenir les quatre couleurs ? Montrer que si $n = 4$, cette probabilité vaut $\dfrac{(4!)^2}{10^4}$.

• EXERCICES •

### Indices —

— Poser

$B$ : on n'obtient pas de boule blanche"
$N$ : on n'obtient pas de boule noire"
$R$ : on n'obtient pas de boule rouge"
$V$ : on n'obtient pas de boule verte"

— Il s'agit de calculer successivement $P(\overline{B} \cap \overline{N})$, $P(\overline{B} \cap \overline{N} \cap \overline{V})$ et $P(\overline{B} \cap \overline{N} \cap \overline{R} \cap \overline{V})$.

— Un résultat de l'expérience est une $n$-liste de l'ensemble des 10 boules. Ces $n$-listes sont équiprobables.

$P(\overline{B} \cap \overline{N}) = 1 - P(B \cup N)$.

### Exercice (2.32)

Dix livres sont rangés sur le rayon d'une bibliothèque. On les enlève pour épousseter l'étagère puis on les replace au hasard.
Quelle est la probabilité
1. que le $i^e$ retrouve sa place (événement $A_i$) ?
2. que le $i^e$ et le $j^e$ ($i \neq j$) retrouvent leur place ?
3. que chacun retrouve sa place ?
4. qu'aucun ne retrouve sa place ?

### Indices —

— Il y a 10! résultats possibles qui sont équiprobables.
— Si $k \in [\![1, 10]\!]$ et $1 \leq i_1 < \cdots < i_k \leq 10$, alors

$$P(A_{i_1} \cap \cdots \cap A_{i_k}) = \frac{(10-k)!}{10!}.$$

4. $P(\overline{A_1} \cap \cdots \cap \overline{A_{10}}) = 1 - P(A_1 \cup \cdots A_{10})$.

### Exercice (2.33)

On lance un dé $n$ fois de suite. Soit $p_n$ la probabilité qu'au bout de $n$ lancers, chaque numéro ait été obtenu au moins une fois.
1. Calculer $p_6$ et $p_7$.
2. Calculer $p_n$, pour tout $n \in \mathbb{N}^*$.

### Indices —

Il y a $6^n$ résultats équiprobables.
2. Poser $A_i$ : "le numéro $i$ n'est pas obtenu" ($i \in [\![1, 6]\!]$).

· **EXERCICES** ·

**2.** $p_n = P(\overline{A_1} \cap \cdots \cap \overline{A_6})$.

# solutions des exercices

## Solutions des exercices du chapitre 1

Les suites croissantes de $[\![1,3]\!]$ sont :

$$(1,1,1)\ (1,1,2)\ (1,1,3)\ (1,2,2)\ (1,2,3)\ (1,3,3)$$
$$(2,2,2)\ (2,2,3)\ (2,2,3)$$
$$(3,3,3)$$

Il y en a 10.

1. Le nombre d'entiers de $n$ chiffres 1 ou 2 est $2^n$.
2. Le nombre d'entiers d'au plus $n$ chiffres 1 ou 2 est

$$2 + 2^2 + \cdots + 2^n = 2^{n+1} - 2.$$

L'expérience qui consiste à faire piocher avec remise une carte à cinq personnes a $32^5 = 33\,554\,432$ résultats possibles. Parmi ces résultats :

1. il y en a $A_{32}^5 = 24\,165\,120$ où les personnes piochent cinq cartes différentes.
2. il y en a $32^5 - A_{32}^5 = 9\,389\,312$ où deux personnes au moins piochent la même carte.
3. il y en a $A_8^5 \times 4^5 = 32 \times 28 \times 24 \times 20 \times 16 = 6\,881\,280$ où les personnes piochent cinq cartes de valeurs différentes.

Il y a 10! numérotations possibles.

1. Il y a $A_{10}^3 = 720$ possibilités pour un tiercé dans l'ordre.
2. Parmi ces 20 possibilités, il y en a $A_9^2 = 72$ où le cheval numéro 2 est premier.
3. Il y a $C_{10}^3 = 120$ possibilités pour un tiercé dans le désordre.

• SOLUTIONS DES EXERCICES •

**(1.6)**

1. L'hôtelière a $6^4 = 1296$ façons de loger quatre clients dans six chambres disponibles.
2. Parmi celles-ci, il y en a $A_6^4 = 360$ où chacun est seul dans sa chambre.

**(1.7)** Un jeu de dominos comporte $C_7^2 + 7 = 28$ pièces.

**(1.8)**

1. Il y a $C_{12}^6 = 924$ répartitions équitables des 12 boules numérotées entre Pierre et Marie.
2. Il y a $C_{12}^4 \times C_8^4 = 34\,650$ répartitions équitables des 12 boules entre Pierre, Jules et Marie.

**(1.9)**

1. $S = (1+1)^n = 2^n$ et $S' = (1-1)^n = 0$.
2. $S_1 + S_2 = S = 2^n$ et $S_1 - S_2 = S' = 0$ donc $S_1 = S_2 = 2^{n-1}$.
3. Le nombre de parties de $E$ contenant un nombre pair d'éléments est égal à $S_1$, le nombre de parties de $E$ contenant un nombre impair d'éléments est égal à $S_2$ et $S_1 = S_2$.

**(1.10)**

1. $\sum_{k=n}^{2n} C_{k-1}^{n-1} = \sum_{k=n}^{2n}(C_k^n - C_{k-1}^n) = C_{2n}^n - C_{n-1}^n = C_{2n}^n$.
2. Il y a $C_{2n}^n$ mots de $2n$ lettres contenant $n$ lettres $A$ et $n$ lettres $B$. Parmi eux il y en a $C_{k-1}^{n-1}$ où le dernier $A$ occupe la $k^e$ place, $k \in [\![n, 2n]\!]$ ; en effet, les $k+1^e, \cdots, n^e$ places sont occupées par des $B$ et il s'agit donc de choisir les places des $n-1$ premiers $A$ parmi les $k-1$ premières places. En faisant le total, on retrouve bien :

$$\sum_{k=n}^{2n} C_{k-1}^{n-1} = C_{2n}^n.$$

**(1.11)**

$$\begin{aligned} S &= \sum_{k=p}^{n} C_k^p = \sum_{k=p}^{n}(C_{k+1}^{p+1} - C_k^{p+1}) \\ &= C_{n+1}^{p+1} - C_p^{p+1} = C_{n+1}^{p+1}. \end{aligned}$$

$$S' = \sum_{k=p}^{n} k\, C_k^p = \sum_{k=p}^{n} [(k+1)C_k^p - C_k^p]$$
$$= (p+1)\sum_{k=p}^{n} C_{k+1}^{p+1} - \sum_{k=p}^{n} C_k^p$$
$$= (p+1)\sum_{k=p+1}^{n+1} C_k^{p+1} - \sum_{k=p}^{n} C_k^p$$
$$= (p+1)C_{n+2}^{p+2} - C_{n+1}^{p+1}.$$

**2)**

$$\sum_{k=0}^{n} C_n^k (-1)^k (n-k)^n = S_{n,n} = n!$$

**3)**

1.

- Toutes les permutations de $[\![1,2]\!]$ sont des involutions; leur nombre est donc 2.
- Il y a 4 involutions de $[\![1,3]\!]$.

2.

- Il y a autant d'involutions s de $[\![1,n]\!]$ vérifiant $s(n) = n$ que d'involutions de $[\![1,n-1]\!]$, soit $T_{n-1}$.
- Pour tout $1 \leq i \leq n-1$, une involution s de $[\![1,n]\!]$ vérifiant $s(n) = i$ vérifie nécessairement $s(i) = n$; elle échange les éléments $i$ et $n$ et réalise une involution sur l'ensemble $[\![1,n-1]\!]\setminus\{i\}$ des éléments qui restent. Pour tout $1 \leq i \leq n-1$, le nombre d'involution s de $[\![1,n]\!]$ vérifiant $s(n) = i$ est donc égal au nombre d'involutions de $[\![1,n-1]\!]\setminus\{i\}$, soit à $T_{n-2}$.
- Le nombre total d'involutions de $[\![1,n]\!]$ est donc

$$T_n = T_{n-1} + (n-1)T_{n-2}.$$

3.

$$T_4 = T_3 + 3T_2 = 10$$

$$T_5 = T_4 + 4T_3 = 26.$$

**(1.14)**

En permutant les $n$ paires d'une partition par paires, on peut former $n!$ suites $(A_1, A_2, \ldots, A_n)$, où $A_1, A_2, \ldots, A_n$ sont les paires de cette partition. Or, le nombre de telles suites est

$$C_{2n}^2 \times C_{2n-2}^2 \times \cdots \times C_4^2 \times C_2^2 = \frac{(2n)!}{2^n},$$

donc le nombre de partitions par paires est

$$\frac{(2n)!}{2^n \, n!}.$$

**(1.15)**

1. i) $\text{card}\{B \in \mathscr{P}(E)/B \subset A\} = \text{card}\,\mathscr{P}(A) = 2^p$

   ii) $\text{card}\{B \in \mathscr{P}(E)/A \cap B = \varnothing\} = \text{card}\,\mathscr{P}(\overline{A}) = 2^{n-p}$

   iii) $\text{card}\{B \in \mathscr{P}(E)/A \subset B\} = \text{card}\,\mathscr{P}(\overline{A}) = 2^{n-p}$

2. $\text{card}\{(A, B) \in \mathscr{P}(E)^2/\,\text{card}\,A = p \text{ et } A \cap B = \varnothing\}$
   $= C_n^p \, 2^{n-p}$

3. $\text{card}\{(A, B) \in \mathscr{P}(E)^2/A \cap B = \varnothing\} = \sum_{p=0}^{n} C_n^p \, 2^{n-p} = 3^n.$

**(1.16)**

1. Il y a $C_{32}^5 = 201\,376$ mains possibles.
2. Parmi ces mains possibles,

   i) $C_{28}^5$ ne contiennent aucun roi, donc $C_{32}^5 - C_{28}^5 = 103\,096$ en contiennent au moins un.
   
   ii) $4 \times C_{28}^4$ contiennent un seul roi, donc $C_{32}^5 - C_{28}^5 - 4 \times C_{28}^4 = 21196$ en contiennent au moins deux.
   
   iii) $C_8^2 \times C_8^3 = 1568$ contiennent deux cœurs et trois piques.
   
   iv) $C_8^2 \times (C_4^2)^2 \times 24 = 24\,192$ contiennent deux paires.
   
   v) $A_8^3 \times C_4^2 \times C_4^3 = 1344$ forment un brelan.

## 17)

$$S_1 = n \sum_{k=1}^{n} C_{n-1}^{k-1} = n \sum_{k=0}^{n-1} C_{n-1}^{k}$$
$$= n(1+1)^{n-1} = n2^{n-1}$$
$$S_2 = \sum_{k=0}^{n} k(k-1)C_n^k + \sum_{k=0}^{n} kC_n^k$$
$$= n(n-1) \sum_{k=2}^{n} C_{n-2}^{k-2} + S_1$$
$$= n(n-1)2^{n-2} + n2^{n-1}$$
$$S_3 = \frac{1}{n+1} \sum_{k=0}^{n} C_{n+1}^{k+1} = \frac{2^{n+1}-1}{n+1}.$$

$S_4$ est la partie réelle du complexe
$$(1+i)^n = (\sqrt{2}\,e^{i\pi/4})^n = (\sqrt{2})^n\,e^{in\pi/4},$$
donc $S_4 = (\sqrt{2})^n \cos \dfrac{n\pi}{4}$.

## 18)

$$\begin{cases} 3S_1 = 2^n + (1+j)^n + (1+j^2)^n \\ 3S_2 = 2^n + j^2(1+j)^n + j(1+j^2)^n \\ 3S_3 = 2^n + j(1+j)^n + j^2(1+j^2)^n \end{cases}$$

$$S_1 = \frac{1}{3}(2^n + e^{in\pi/3} + e^{-in\pi/3}) = \frac{1}{3}\left(2^n + 2\cos n\frac{\pi}{3}\right),$$
$$S_2 = \frac{1}{3}(2^n + j^2\,e^{in\pi/3} + j\,e^{-in\pi/3})$$
$$= \frac{1}{3}(2^n + e^{i(n-2)\pi/3} + e^{-i(n-2)\pi/3})$$
$$= \frac{1}{3}\left(2^n + 2\cos(n-2)\frac{\pi}{3}\right)$$
$$S_3 = \frac{1}{3}(2^n + j\,e^{in\pi/3} + j^2\,e^{-in\pi/3})$$

$$= \frac{1}{3}(2^n + e^{i(n+2)\pi/3} + e^{-i(n+2)\pi/3})$$
$$= \frac{1}{3}\left(2^n + 2\cos(n+2)\frac{\pi}{3}\right).$$

**(1.19)**

1.
$$\sum_{k=0}^{n}(C_n^k)^2 = \sum_{k=0}^{n} C_n^k C_n^{n-k} = C_{2n}^n.$$

Il y a $(C_n^k)^2$ parties de $[\![1, 2n]\!]$ contenant $k$ numéros pairs et $k$ numéros impairs, où $0 \leq k \leq n$, donc le nombre de parties de $[\![1, 2n]\!]$ contenant autant de numéros pairs que de numéros impairs est :
$$\sum_{k=0}^{n}(C_n^k)^2 = C_{2n}^n.$$

2.
$$\sum_{k=0}^{n} k(C_n^k)^2 = n\sum_{k=1}^{n} C_{n-1}^{k-1} C_n^k = n\sum_{k=0}^{n-1} C_{n-1}^k C_n^{k+1}$$
$$= n\sum_{k=0}^{n-1} C_{n-1}^k C_n^{n-1-k} = n C_{2n-1}^{n-1}.$$

**(1.20)**

1. Il y a $3^7 = 2187$ répartitions possibles des 7 jetons numérotés dans les trois urnes $U_1, U_2, U_3$.
2. Parmi ces répartitions :

   i) il y en a $2^7$ où l'urne $U_1$ reste vide.
   ii) il y en a $2^7 - 2$ où l'urne $U_1$ est la seule à rester vide.
   iii) il y en a $3 \times (2^7 - 2)$ où une seule urne reste vide.
   iv) il y en a 3 où deux urnes restent vides.

3. D'après 2. iii) et iv), le nombre de répartitions où au moins une urne reste vide est
$$3 \times (2^7 - 2) + 3 = 3 \cdot 2^7 - 3,$$

donc le nombre de répartitions où chaque urne reçoit au moins un jeton est
$$3^7 - (3 \cdot 2^7 - 3) = 3^7 - 3 \cdot 2^7 + 3.$$

Or, une répartition des 7 jetons où chaque urne $U_1, U_2, U_3$ reçoit au moins un jeton est assimilée à une application surjective de $[\![1,7]\!]$ dans $\{U_1, U_2, U_3\}$. On en conclut alors que le nombre de surjections d'un ensemble à 7 éléments dans un ensemble à 3 éléments est :
$$S_{7,3} = 3^7 - 3 \cdot 2^7 + 3 = 1806.$$

## 21)

$\operatorname{card}\{(x_1, \ldots, x_n) \in (\mathbb{N}^*)^n / x_1 + \cdots + x_n = p\}$

= nombre de répartitions de $p$ boules indiscernables dans $n$ tiroirs $T_1, \ldots, T_n$, où chaque tiroir reçoit au moins une boule

= nombre de répartitions de $(p-n)$ boules indiscernables dans $T_1, \ldots, T_n$

$= C_{(n-1)+p-n}^{n-1} = C_{p-1}^{n-1}$

## 22)

1. Il y a $C_{16}^8$ suites strictement décroissantes de 8 éléments de $[\![-6, 9]\!]$.
2. Il y a $C_{16}^8$ de suites décroissantes de 8 éléments de $[\![1, 9]\!]$ que de suites strictement décroissantes de 8 éléments de $[\![-6, 9]\!]$; et ce nombre est égal au nombre $\Gamma_9^8 = 12\,870$ de suites croissantes de 8 éléments de $[\![1, 9]\!]$.

## 23)

1. Un mot constitué de 2 signes "|" et 7 signes "○" est déterminé dès lors que sont choisies les 2 places parmi 9 occupées par les "|".
Le nombre de partages de sept pièces de 1 franc entre $A, B$ et $C$ vaut donc
$$C_9^2 = C_9^7 = 36.$$

2. Le nombre de partages où chaque personne reçoit quelque chose est

• SOLUTIONS DES EXERCICES •

égal au nombre de partages des quatre pièces qui restent, lorsqu'on a distribué 1 franc à chacune. Ce nombre vaut
$$C_6^2 = C_6^4 = 15.$$

3. Le nombre de partages de $n$ pièces de 1 franc entre $A, B$ et $C$ vaut
$$C_{n+2}^2 = C_{n+2}^n.$$
Le nombre de partages des $n$ pièces où chaque personne reçoit quelque chose vaut
$$C_{n-1}^2 \text{ si } n \geq 3$$
$$0 \quad \text{si } n < 3.$$

**(1.24)**

1. Pour chaque doigt, il y a 2 arrangements possibles des deux bagues sur ce même doigt; et il y a 6 arrangements où ces deux bagues sont sur des doigts différents. Il y a donc en tout $3 \times 2 + 6 = 12$ arrangements.
2. Choisir les emplacements des $n$ bagues, c'est décider du nombre de bagues que portera chaque doigt; ou encore, c'est répartir $n$ objets indiscernables (les emplacements) sur les 3 doigts. Le nombre de choix possibles pour les emplacements des bagues est donc
$$C_{n+2}^2 = C_{n+2}^n.$$
Une fois que les $n$ emplacements sont décidés, il y a $n!$ façons d'y arranger les $n$ bagues différentes.
Ainsi, le nombre de façons d'arranger $n$ bagues différentes sur 3 doigts vaut:
$$C_{n+2}^n \times n!$$

**(1.25)**

1. Le nombre de choix permettant au client de goûter 3 sortes de bonbons différentes est le nombre de choix de 3 sortes parmi $n$. Ce nombre est égal à $C_n^3$.
2. Le nombre de choix permettant au client de goûter 2 sortes de bonbons différentes est égal à $n(n-1)$.
3. Le nombre de choix permettant au client de goûter 1 seule sorte est

égal à $n$. Donc, d'après 1. et 2., le nombre total de choix possibles est égal à
$$C_n^3 + n(n-1) + n = \frac{n(n+1)(n+2)}{6} = C_{n+2}^3.$$

4. Le nombre de compositions possibles d'une boîte de $p$ chocolats est égal à
$$\operatorname{card}\{(x_1,\ldots,x_n) \in \mathbb{N}/x_1 + \cdots + x_n = p\},$$
$x_i$ désignant le nombre de chocolats de sorte $i$ contenus dans la boîte (on a numéroté de 1 à $n$ les sortes de chocolats).
Le nombre de compositions possibles vaut donc
$$C_{n+p-1}^p = C_{n+p-1}^{n-1}.$$

## Solutions des exercices du chapitre 2

(2.1)

1. $A$: "on obtient deux fois le même numéro"
2. $B = \{(1,1); (1,2); (1,3); (2,1); (2,2); (3,1)\}$
3. 

$$P(A) = \frac{\operatorname{card} A}{\operatorname{card} \Omega} = \frac{6}{36} = \frac{1}{6}$$

$$P(B) = \frac{\operatorname{card} B}{\operatorname{card} \Omega} = \frac{6}{36} = \frac{1}{6}$$

$$A \cup B = \{(1;1);(2;2)\} \Rightarrow \operatorname{card}(A \cup B) = \frac{2}{36} = \frac{1}{18}$$

$$P(A \cup B) = P(A) + P(B) - P(A \cap B)$$
$$= \frac{10}{36} = \frac{5}{18}$$

$$P(A \setminus B) = P(A) - P(A \cap B) = \frac{4}{36} = \frac{1}{9}$$

$$P(B \setminus A) = P(B) - P(A \cap B) = \frac{4}{36} = \frac{1}{9}.$$

• SOLUTIONS DES EXERCICES •

**(2.2)**

1.
$$A = [\![2,6]\!]^3$$
$$B = \{(1,1,i)/i \in [\![2,6]\!]\} \cup \{(1,i,1)/i \in [\![2,6]\!]\}$$
$$\cup \{(i,1,1)/i \in [\![2,6]\!]\}$$
$$C = \Omega \setminus [\![2,6]\!]^3$$
$$D = \{(i,1,1)/i \in [\![1,6]\!]\}.$$

2.
$$P(A) = \frac{\operatorname{card} A}{\operatorname{card} \Omega} = \frac{5^3}{6^3}$$
$$P(B) = \frac{\operatorname{card} B}{\operatorname{card} \Omega} = \frac{3 \times 5}{6^3} = \frac{5}{72}$$
$$P(C) = 1 - P(A) = 1 - \frac{5^3}{6^3}$$
$$P(D) = \frac{\operatorname{card} D}{\operatorname{card} \Omega} = \frac{6}{6^3} = \frac{1}{36}$$

**(2.3)**

1. La probabilité de tirer un numéro pair est :
$$\frac{\text{nombre de jetons pairs dans l'urne}}{11} = \frac{8}{11}.$$

2. La probabilité d'obtenir deux fois le même numéro est :
$$\frac{\text{nombre de paires où les jetons ont le même numéro}}{C_{11}^2}$$
$$= \frac{C_2^2 + C_3^2 + C_5^2}{C_{11}^2} = \frac{14}{55}.$$

**2.4)**

$\Omega = [\![1,6]\!]^2$ est un univers de résultats équiprobables.

1. $A = \{1,3,5\}^2 \cup \{2,4,6\}^2$

$$P(A) = \frac{\operatorname{card} A}{\operatorname{card} \Omega} = \frac{9+9}{36} = \frac{1}{2}$$

2. $B = \{(1,2);(1,5);(2,1);(2,4);(3,3);(3,6);(4,2);$
$(4,5);(5,1);(5,4);(6,3);(6,6)\}$

$$P(B) = \frac{\operatorname{card} B}{\operatorname{card} \Omega} = \frac{12}{36} = \frac{1}{3}.$$

**2.5)**  $\Omega = [\![1,6]\!]^4$ est un univers de résultats équiprobables. L'événement $A$ est l'ensemble des suites de 4 éléments distincts de $[\![1,6]\!]$, donc

$$P(A) = \frac{\operatorname{card} A}{\operatorname{card} \Omega} = \frac{A_6^4}{6^4} = \frac{6 \times 5 \times 4 \times 3}{6^4} = \frac{5}{18}.$$

**2.6)**

1. La probabilité que la distance du point au centre O de la sphère soit égale à 1/2 est la probabilité que le point se trouve à la surface de la sphère $S'$ de centre O et de rayon 1/2. Le volume d'une surface étant nul, cette probabilité vaut 0.
2. La probabilité que la distance du point au centre O soit inférieure à 1/2 est la probabilité que le point se trouve dans la sphère $S'$ de centre O et de rayon 1/2. Cette probabilité est :

$$P(S') = \frac{\text{volume } S'}{\text{volume } S} = \frac{\frac{4}{3}\pi(\frac{1}{2})^3}{\frac{4}{3}\pi(1)^3} = \frac{1}{8}.$$

3. La probabilité que la distance du point au centre O soit comprise entre 1/3 et 2/3 vaut :

$$\frac{\frac{4}{3}\pi(\frac{2}{3})^3 - \frac{4}{3}\pi(\frac{1}{3})^3}{\frac{4}{3}\pi} = \left(\frac{2}{3}\right)^3 - \left(\frac{1}{3}\right)^3 = \frac{7}{27}.$$

**2.7)**

Numérotons les personnes et prenons, pour résultat de l'expérience, la suite des numéros obtenus par la 1$^{\text{ère}}$, la 2$^{\text{e}}$, ..., la 5$^{\text{e}}$ et la 6$^{\text{e}}$ personne.

• SOLUTIONS DES EXERCICES •

$\Omega = [\![1,6]\!]^6$ est alors un univers de résultats équiprobables.

1. $P(A) = \dfrac{\text{nombre de cas favorables}}{\text{nombre de cas possibles}} = \dfrac{1}{6^6}$
2. $P(B) = 1 - P(\overline{B}) = 1 - \dfrac{5^6}{6^6}$
3. $P(C) = \dfrac{4^6}{6^6}$
4. $P(D) = \dfrac{6!}{6^6}$.

(2.8)

1. $P(A) = \dfrac{A_4^2 \, A_4^3}{A_{32}^5}$
2. $P(B) = \dfrac{A_8^5}{C_{32}^5}$
3. $P(C) = 1 - P(\overline{C}) = 1 - \dfrac{A_{24}^5}{A_{32}^5}$
4. $P(D) = \dfrac{8 \times 5 \times A_{24}^4}{A_{32}^5}$.

(2.9)

A chacun des $n$ tirages, on tire au hasard une boule parmi 10, donc il y a $10^n$ résultats équiprobables.

1. $P(E) = \dfrac{4^n}{10^n} = \left(\dfrac{2}{5}\right)^n$
2. $P(F) = \dfrac{6 \times 4^{n-1}}{10^n} = \left(\dfrac{3}{5}\right)\left(\dfrac{2}{5}\right)^{n-1}$
3. $P(G) = \dfrac{n \times 6 \times 4^{n-1}}{10^n} = n\left(\dfrac{3}{5}\right)\left(\dfrac{2}{5}\right)^{n-1}$
4. $P(A_k) = \dfrac{6^k \times 4^{n-k}}{10^n} = \left(\dfrac{3}{5}\right)^k \left(\dfrac{2}{5}\right)^{n-k}$
5. $P(B_k) = \dfrac{C_n^k \, 6^k \, 4^{n-k}}{10^n} = C_n^k \left(\dfrac{3}{5}\right)^k \left(\dfrac{2}{5}\right)^{n-k}$.

(2.10) A chaque tirage, on tire au hasard une boule parmi celles qui restent dans l'urne, donc il y a $10 \times 9 \times 8 \times 7 \times 6 = A_{10}^5$ résultats équiprobables qui

• SOLUTIONS DES EXERCICES •

sont des arrangements de 5 boules parmi 10.

1. $P(E) = \dfrac{A_6^5}{A_{10}^5} = \dfrac{1}{42}$

2. $P(F) = \dfrac{6 \times A_4^4}{A_{10}^5} = \dfrac{1}{210}$

3. $P(G) = \dfrac{5 \times 6 \times A_4^4}{A_{10}^5} = \dfrac{1}{42}$

4. $P(A) = \dfrac{A_6^2 \times A_4^3}{A_{10}^5} = \dfrac{1}{42}$

5. $P(B_k) = \dfrac{C_5^k A_6^k A_4^{5-k}}{A_{10}^5} = \dfrac{C_6^k C_4^{5-k}}{C_{10}^5}$

   si $1 \leq k \leq 5$, et $P(B_k) = 0$ sinon.

**.11)**

1. $P(A) = \dfrac{n\, 35^{n-1}}{36^n}$

2. $P(B) = 1 - P(\overline{B}) = 1 - \left[\dfrac{35^n}{36^n} - \dfrac{n\, 35^{n-1}}{36^n}\right]$

3. $P(C) = \dfrac{n(n-1)\, 34^{n-2}}{36^n}$.

**.12)** La probabilité qu'un point, choisi au hasard dans le disque $D$, se trouve dans le triangle $T$ est :

$$P(T) = \dfrac{\text{aire}(T)}{\text{aire}(D)} = \dfrac{1/2}{\pi} = \dfrac{1}{2\pi}.$$

**.13)**

1. La probabilité que le nombre choisi au hasard dans $[-1, 2]$ soit négatif ou nul est :

$$P([-1, 0]) = \dfrac{\text{longueur }([-1, 0])}{\text{longueur }([-1, 2])} = \dfrac{0-(-1)}{2-(-1)} = \dfrac{1}{3}.$$

2. La probabilité que le nombre soit nul est :

$$P(\{0\}) = \dfrac{\text{longueur de }[0, 0]}{\text{longueur de }[-1, 2]} = 0.$$

**3.** La probabilité que le nombre soit strictement supérieur à $1,5$ est :
$$P(]1,5;2]) = \frac{2-1,5}{3} = \frac{0,5}{3} = \frac{1}{6}.$$

**4.** La probabilité que le nombre soit rationnel est :
$$P(\mathbb{Q} \cap [-1,2]) = P\left(\bigcup_{r \in \mathbb{Q} \cap [-1,2]} \{r\}\right).$$

Or, $\mathbb{Q} \cap [-1,2]$ est un ensemble dénombrable donc, d'après la définition d'une probabilité, on a
$$P\left(\bigcup_{r \in \mathbb{Q} \cap [-1,2]} \{r\}\right) = \sum_{r \in \mathbb{Q} \cap [-1,2]} P(\{r\}) = 0,$$

**(2.14)** L'ensemble des points $(x,y)$ du rectangle $R = [0,1] \times [0,2]$ vérifiant $x+y \leq 1$, est l'ensemble des points de $\mathbb{R}^2$ situés dans le triangle $T$ limité par les droites d'équations $x=0$, $y=0$ et $x+y=1$. La probabilité cherchée vaut donc :
$$P(T) = \frac{\text{aire}(T)}{\text{aire}(R)} = \frac{1/2}{1 \times 2} = \frac{1}{4}.$$

**(2.15)** Il y a $3^4$ répartitions possibles qui sont équiprobables.
$A_i$ désignant l'événement "la boîte numéro $i$ reste vide", on a :
$$P(A_1) = \frac{\text{nombre de répartitions favorables}}{\text{nombre de répartitions possibles}}$$
$$= \frac{\text{nombre de répartitions dans les boîtes 2 et 3}}{3^4}$$
$$= \frac{2^4}{3^4}$$
$$P(A_2) = P(A_1) = \frac{2^4}{3^4}$$

$$P(A_1 \cap A_2) = \frac{\text{nombre de répartitions favorables}}{\text{nombre de répartitions possibles}}$$
$$= \frac{\text{nombre de répartitions dans la boîte 3}}{3^4}$$
$$= \frac{1}{3^4}.$$

Ainsi,
$$P(A_1 \cup A_2) = P(A_1) + P(A_2) - P(A_1 \cap A_2) = \frac{31}{81}.$$

**16)**

1.
$$P(A) = \frac{\text{nombre de combinaisons de 3 éléments de } [\![1,5]\!]}{\text{nombre de combinaisons de 3 éléments de } [\![1,10]\!]}$$
$$= \frac{C_5^3}{C_{10}^3} = \frac{1}{12}$$

2. $P(B) = \frac{C_5^3 - C_4^3}{C_{10}^3} = \frac{1}{20}.$

3.
$$P(C) = \frac{(C_4^3 - C_3^3) + (C_6^3 - C_5^3) + (C_8^3 - C_7^3) + (C_{10}^3 - C_9^3)}{C_{10}^3}$$
$$= \frac{7}{12}.$$

4. $P(D) = 1 - P(\overline{D}) = 1 - \frac{C_5^3}{C_{10}^3} = \frac{11}{12}.$

**17)**

1. $P(A) = \dfrac{C_{13}^6 \times (C_4^1)^6}{C_{52}^6} = \dfrac{4^6 \, C_{13}^6}{C_{52}^6}$

2. $P(B) = \dfrac{C_{13}^2 \times (C_4^3)^2}{C_{32}^6} = \dfrac{16 \, C_{13}^2}{C_{52}^6}$

3. $P(C) = \dfrac{A_{13}^2 \times C_4^2 \times C_4^4}{C_{52}^6} = \dfrac{6 \, A_{13}^2}{C_{52}^6}$

4. $P(D) = \dfrac{C_{13}^3 \times (C_4^2)^3}{C_{32}^6} = \dfrac{6^3 \, C_{13}^3}{C_{32}^6}$

5. $P(E) = \dfrac{A_{13}^3 \times C_4^3 \times C_4^2 \times C_4^1}{C_{32}^6} = \dfrac{96 \, A_{13}^3}{C_{32}^6}.$

**(2.18)** L'archer tirant au hasard sur la cible, la probabilité $P$ considérée est la probabilité uniforme sur la cible. La probabilité que la couronne $C_i$ soit atteinte ($i \in [\![1, 10]\!]$) est donc

$$P(C_i) = \frac{\text{aire}(C_i)}{\text{aire}(cible)} = r_i^2 - r_{i-1}^2$$

$$P(C_1) = P(C_2) = \cdots = P(C_{10})$$

$$\iff \forall\ i \in [\![1, 9]\!],\quad r_i = \sqrt{\frac{i}{10}}.$$

**(2.19)**

1. $P(A) = \dfrac{C_{10}^2\, C_{30}^8}{C_{40}^{10}}$

2. $P(B) = \dfrac{(C_{10}^2)^2\, C_{20}^6}{C_{40}^{10}}$

3. $P(C) = \dfrac{1}{C_{40}^{10}} \displaystyle\sum_{k=0}^{5} (C_{10}^k)^2\, C_{20}^{10-2k}$.

**(2.20)** Chacun des deux gâteaux est divisé en 16 parts égales.

1. Si $A$ est une part du gros gâteau, la probabilité que la bague soit dedans est
$$P(A) = \frac{\frac{1}{16}\,\pi(20)^2}{\pi(15)^2 + \pi(20)^2} = \frac{1}{25} = 4\%.$$

2. Si $B$ est une part du petit gâteau, la probabilité que la bague soit dedans est
$$P(B) = \frac{\frac{1}{16}\,\pi(15)^2}{\pi(15)^2 + \pi(20)^2} = \frac{9}{400} = 2,25\%.$$

**(2.21)**

1.
$$\begin{aligned}
P(A) &= \frac{\text{nombre de cas favorables}}{\text{nombre de cas possibles}} \\
&= \frac{\sum_{k=0}^{n} C_n^k \times C_n^k}{2^n \times 2^n} = \frac{\sum_{k=0}^{n} C_n^k\, C_n^{n-k}}{2^{2n}} \\
&= \frac{C_{2n}^n}{2^{2n}}.
\end{aligned}$$

• SOLUTIONS DES EXERCICES •

2. La probabilité que Pierre gagne et la probabilité que Paul gagne sont égales; leur somme est la probabilité qu'il y ait un gagnant. On a donc
$$2P(B) = P(\overline{A}) = 1 - P(A) \Rightarrow P(B) = \frac{1}{2}\left(1 - \frac{C_{2n}^m}{2^{2n}}\right).$$

**22)** L'urne contient 9 boules qui ont, à chacun des 3 tirages, la même probabilité d'être obtenues. Il y a donc $9^3$ résultats possibles, et ils sont équiprobables (un résultat est une 3-liste de l'ensemble des 9 boules).

1. On note $B_i$ (resp. $N_i, R_i$) l'événement "on obtient une boule blanche (resp. noire, rouge) au $i^e$ tirage", $i \in \{1, 2, 3\}$.
$$A = (B_1 \cap B_2 \cap B_3) \cup (N_1 \cap N_2 \cap N_3) \cup (R_1 \cap R_2 \cap R_3)$$
Cette réunion étant disjointe, on a :
$$P(A) = P(B_1 \cap B_2 \cap B_3) + P(N_1 \cap N_2 \cap N_3) + P(R_1 \cap R_2 \cap R_3)$$
$$= \frac{4^3}{9^3} + \frac{3^3}{9^3} + \frac{2^3}{9^3} = \frac{11}{81}.$$

2. $P(A') = \dfrac{3! \times (4 \times 3 \times 2)}{9^3} = \dfrac{16}{81}$.

**23)**

1. $\Omega = [\![1, 7]\!]^2$ est un univers de résultats équiprobables et $A = \{(i, i)/i \in [\![1, 7]\!]\}$, donc
$$P(A) = \frac{\operatorname{card} A}{\operatorname{card} \Omega} = \frac{7}{49} = \frac{1}{7}.$$

2. $2P(B) = P(\overline{A}) = 1 - P(A)$, donc $P(B) = \dfrac{3}{7}$.

**24)** $(p_k)_{k \in \mathbb{N}^*}$ est une distribution de probabilité sur $\Omega$ si et seulement si
$$\begin{cases} \forall\ k \in \mathbb{N}^*, \quad p_k \geq 0 \\ \displaystyle\sum_{k=1}^{+\infty} p_k = 1. \end{cases}$$

Ces deux conditions sont équivalentes à :
$$\begin{cases} \alpha \geq 0 \\ \alpha \sum_{k=1}^{+\infty} \dfrac{1}{k(k+1)} = 1. \end{cases}$$

Or,
$$\sum_{k=1}^{n} \frac{1}{k(k+1)} = \sum_{k=1}^{n}\left(\frac{1}{k} - \frac{1}{k+1}\right) = 1 - \frac{1}{n+1} \underset{n\to\infty}{\to} 1,$$

c'est-à-dire
$$\sum_{k=1}^{+\infty} \frac{1}{k(k+1)} = 1.$$

$(p_k)_{k\in\mathbb{N}^*}$ est donc une distribution de probabilité si et seulement si $\alpha = 1$.

**(2.25)**
$$P(A \cap B) = P(A) + P(B) - P(A \cup B) = 0,1.$$

**(2.26)**

1. $\alpha = e^{-5}$.
2. La probabilité que la caissière reçoive moins de cinq clients est :
$$p_0 + p_1 + p_2 + p_3 + p_4 = e^{-5} \sum_{k=0}^{4} \frac{5^k}{k!} \simeq 1,44.$$

3. 

i) La probablité que la caissière reçoive un nombre pair de clients est
$$\sum_{k=0}^{+\infty} p_{2k} = e^{-5} \sum_{k=0}^{+\infty} \frac{5^{2k}}{(2k)!}$$
$$= e^{-5}\left(\frac{e^5 + e^{-5}}{2}\right) = \frac{1 + e^{-10}}{2}.$$

ii) La probablité que la caissière reçoive un nombre impair de clients est
$$\sum_{k=0}^{+\infty} p_{2k+1} = e^{-5} \sum_{k=0}^{+\infty} \frac{5^{2k+1}}{(2k+1)!}$$

$$= e^{-5}\left(\frac{e^5 - e^{-5}}{2}\right) = \frac{1-e^{-10}}{2}.$$

**27)** Les $C_9^3 = 84$ poignées de 3 boules que l'on peut obtenir sont équiprobables.
La probabilité $P(B)$ de n'obtenir aucune boule blanche vaut :

$$P(B) = \frac{\text{nombre de poignées favorables}}{\text{nombre de poignées possibles}}$$
$$= \frac{C_5^3}{C_9^3} = \frac{10}{84}.$$

La probabilité $P(R)$ de n'obtenir aucune boule rouge vaut :

$$P(R) = \frac{\text{nombre de poignées favorables}}{\text{nombre de poignées possibles}}$$
$$= \frac{C_7^3}{C_9^3} = \frac{35}{84}.$$

La probabilité d'obtenir au moins une blanche et une rouge est :

$$P(\overline{B} \cap \overline{R}) = 1 - P(B \cap R) = 1 - P(B) - P(R) + P(B \cap R).$$

Or,

$$P(B \cap R) = \frac{\text{nombre de poignées ne contenant que des boules noires}}{\text{nombre de poignées possibles}}$$
$$= \frac{1}{C_9^3} = \frac{1}{84}.$$

Donc

$$P(\overline{B} \cap \overline{R}) = 1 - \frac{10}{84} - \frac{35}{84} + \frac{1}{84} = \frac{40}{84} = \frac{10}{21}.$$

**28)** Les $2^n$ sous-ensembles de $[\![1,n]\!]$ ont tous la même probabilité d'être obtenus. Définissons les événements :

$A$ : "le sous-ensemble obtenu contient 1"

$B$ : "le sous-ensemble obtenu contient 2"

1.
$$P(\overline{A} \cup \overline{B}) = \frac{\text{nombre de sous-ensembles de } [\![1, n]\!] \text{ ne contenant ni 1 ni 2}}{2^n}$$
$$= \frac{\text{nombre de sous-ensembles de } [\![3, n]\!]}{2^n}$$
$$= \frac{2^{n-2}}{2^n} = \frac{1}{4}$$

2.
$$P(A \cap B) = \frac{\text{nombre de sous-ensembles de } [\![1, n]\!] \text{ contenant 1 et 2}}{2^n}$$
$$= \frac{2^{n-2}}{n} = \frac{1}{4}$$

3. $P(A \cup B) = P(A) + P(B) - P(A \cap B)$.
Or,
$$P(A) = P(B) = \frac{2^{n-1}}{2^n} = \frac{1}{2},$$
donc $P(A \cup B) = \frac{3}{4}$.

**(2.29)**

1. Lorsqu'on lance $i$ fois un dé régulier, il y a $6^i$ résultats équiprobables, donc
$$P(A_i) = \frac{\text{nombre de cas favorables}}{\text{nombre de cas possibles}} = \frac{5^{i-1}}{6^i}$$

2.
$$P(E) = 1 - P\left(\bigcup_{i \in \mathbb{N}^*} A_i\right) = 1 - \sum_{i=1}^{+\infty} P(A_i)$$
$$= 1 - \frac{1}{6} \sum_{i=1}^{+\infty} \left(\frac{5}{6}\right)^{i-1} = 0.$$

3. $\{A_i / i \in \mathbb{N}^*\}$ est en ensemble dénombrable d'événements deux à deux

disjoints vérifiant :

$$P\left(\bigcup_{i\in\mathbb{N}^*} A_i\right) = \sum_{i=1}^{+\infty} P(A_i) = 1$$

$\{A_i/i \in \mathbb{N}^*\}$ est donc un système quasi-complet d'événements. On a par conséquent :

i) $\displaystyle P(B) = \sum_{i=1}^{+\infty} P(B \cap A_i) = \sum_{i=1}^{+\infty} \frac{3^{i-1}}{6^i}$

$\displaystyle = \frac{1}{6} \sum_{i=1}^{+\infty} \left(\frac{1}{2}\right)^{i-1} = \frac{1}{6} \frac{1}{1-1/2} = \frac{1}{3}$

ii) $\displaystyle P(C) = \sum_{i=1}^{+\infty} P(C \cap A_i) = \sum_{i=1}^{+\infty} \frac{2^{i-1}}{6^i}$

$\displaystyle = \frac{1}{6} \sum_{i=1}^{+\infty} \left(\frac{1}{3}\right)^{i-1} = \frac{1}{4}$

iii) $\displaystyle P(D) = 1 - P(\overline{D}) = 1 - \sum_{i=1}^{+\infty} P(\overline{D} \cap A_i)$

$\displaystyle = 1 - \sum_{i=1}^{+\infty} \frac{4^{i-1}}{6^i}$

$\displaystyle = 1 - \frac{1}{6} \sum_{i=1}^{+\infty} \left(\frac{2}{3}\right)^{i-1} = \frac{1}{2}$

iv) $\displaystyle P(F) = \sum_{i=1}^{+\infty} P(F \cap A_i) = \sum_{i=2}^{+\infty} \frac{(i-1)4^{i-2}}{6^i}$

$\displaystyle = \frac{1}{36} \sum_{i=1}^{+\infty} i\left(\frac{2}{3}\right)^{i-1} = \frac{1}{36} \frac{1}{(1-2/3)^2} = \frac{1}{4}.$

**30)**

$P(A \cup B \cup C) = P(A \cup B) + P(C) - P((A \cup B) \cap C)$
$= P(A) + P(B) - P(A \cap B) + P(C) - P((A \cap C) \cup (B \cap C))$
$= P(A) + P(B) - P(A \cap B) + P(C)$

$$-P(A \cap C) - P(B \cap C) + P((A \cap C) \cap (B \cap C))$$
$$= P(A) + P(B) + P(C) - P(A \cap B)$$
$$-P(A \cap C) - P(B \cap C) + P(A \cap B \cap C)$$

$$\begin{aligned}P(A \cup B \cup C \cup D) &= P(A) + P(B) + P(C) + P(D) \\ &\quad -P(A \cap B) - P(A \cap C) - P(A \cap D) \\ &\quad -P(B \cap C) - P(B \cap D) - P(C \cap D) \\ &\quad +P(A \cap B \cap C) + P(A \cap B \cap D) \\ &\quad +P(A \cap C \cap D) + P(B \cap C \cap D) \\ &\quad -P(A \cap B \cap C \cap D)\end{aligned}$$

**(2.31)** L'urne contient 10 boules qui ont, à chacun des $n$ tirages, la même probabilité d'être tirées. Il y a donc $10^n$ résultats équiprobables qui sont les $n$-listes de l'ensemble des 10 boules.
Soit $B$ (resp. $N, R, V$) l'événement "on n'obtient pas de boule blanche (resp. noire, rouge, verte)".

1.
$$\begin{aligned}P(\overline{B} \cap \overline{N}) &= 1 - P(B \cup N) \\ &= 1 - P(B) - P(N) + P(B \cap N)\end{aligned}$$
$$P(B) = \frac{\text{nombre de listes favorables}}{\text{nombre de listes possibles}} = \frac{6^n}{10^n}$$
$$P(N) = \frac{7^n}{10^n} \quad \text{et} \quad P(B \cap N) = \frac{3^n}{10^n},$$

donc
$$P(\overline{B} \cap \overline{N}) = 1 - \left(\frac{6}{10}\right)^n - \left(\frac{7}{10}\right)^n + \left(\frac{3}{10}\right)^n.$$

2.
$$P(\overline{B} \cap \overline{N} \cap \overline{V}) = 1 - P(B \cup N \cup V)$$

La formule du crible nous donne :
$$P(\overline{B} \cap \overline{N} \cap \overline{V}) = 1 - P(B) - P(N) - P(V) + P(B \cap N) + P(B \cap V)$$
$$+ P(N \cap V) - P(B \cap V \cap V)$$
$$= 1 - \left(\frac{6}{10}\right)^n - \left(\frac{7}{10}\right)^n - \left(\frac{9}{10}\right)^n + \left(\frac{3}{10}\right)^n$$
$$+ \left(\frac{5}{10}\right)^n + \left(\frac{6}{10}\right)^n - \left(\frac{2}{10}\right)^n$$
$$= 1 - \left(\frac{2}{10}\right)^n - \left(\frac{7}{10}\right)^n - \left(\frac{9}{10}\right)^n + \left(\frac{3}{10}\right)^n + \left(\frac{5}{10}\right)^n$$

3. $P(\overline{B} \cap \overline{N} \cap \overline{R} \cap \overline{V}) = 1 - \left(\frac{1}{10}\right)^n - \left(\frac{2}{10}\right)^n - \left(\frac{8}{10}\right)^n - \left(\frac{9}{10}\right)^n + 2\left(\frac{5}{10}\right)^n$.

Si $n = 4$, la probabilité d'obtenir les quatre couleurs est la probabilité d'obtenir une seule boule de chaque couleur. Il y a $4 \times 3 \times 2 \times 1 = 4!$ façons d'obtenir les quatre couleurs dans un ordre donné (4 possibilités pour la boule blanche, 3 pour la boule noire, 2 pour la rouge et 1 pour la verte). D'autre part, il y a 4! ordres différents dans lesquels les quatre couleurs peuvent apparaître.

Il y a donc en tout $(4!)^2$ possibilités, et la probabilité d'obtenir les quatre couleurs vaut donc
$$\frac{(4!)^2}{10^4}.$$

Vérifions que ce résultat obtenu pour $n = 4$ est compatible avec la formule générale :
$$1 - \left(\frac{1}{10}\right)^4 - \left(\frac{2}{10}\right)^4 - \left(\frac{8}{10}\right)^4 - \left(\frac{9}{10}\right)^4 + 2\left(\frac{5}{10}\right)^4 = \frac{576}{10^4} = \frac{(4!)^2}{10^4}.$$

• SOLUTIONS DES EXERCICES •

**(2.32)**

1.
$$P(A_i) = \frac{\text{nombre de permutations où le } i^e \text{ livre retrouve sa place}}{\text{nombre de permutations possibles}}$$
$$= \frac{\text{nombre de permutations des 10 livres moins le } i^e}{10!}$$
$$= \frac{9!}{10!} = \frac{1}{10!}$$

2. $P(A_i \cap A_j) = \dfrac{8!}{10!} = \dfrac{1}{90}$

3. $P(A_1 \cap \cdots \cap A_{10}) = \dfrac{1}{10!}$

4.
$$P(\overline{A_1} \cap \cdots \cap \overline{A_{10}}) = 1 - P(A_1 \cup \cdots \cup A_{10})$$
$$= 1 - \sum_{k=1}^{10}(-1)^{k-1} C_{10}^k \frac{(10-k)!}{10!} = \sum_{k=0}^{10} \frac{(-1)^k}{k!}.$$

**(2.33)** L'ensemble $[\![1,6]\!]^n$ des suites de numéros que l'on peut obtenir est un univers de résultats équiprobables.

1.
$$p_6 = \frac{\text{nombre de suites de 6 éléments distincts de } [\![1,6]\!]}{\text{card}([\![1,6]\!]^6)}$$
$$= \frac{\text{nombre de permutations de } [\![1,6]\!]}{6^6} = \frac{6!}{6^6}$$
$$p_7 = \frac{6 \times C_7^2 \times 5!}{6^7}.$$

2. En notant $A_i$ l'événement "le numéro $i$ n'est pas obtenu", on a
$$p_n = P(\overline{A_1} \cap \cdots \cap \overline{A_6})$$
$$= 1 - P(A_1 \cup \cdots \cup A_6)$$
$$= 1 - \sum_{k=1}^{6}(-1)^{k-1} C_6^k \frac{(6-k)^n}{6^n}$$
$$= \sum_{k=0}^{6}(-1)^k C_6^k \left(1 - \frac{k}{6}\right)^n$$

N.B. : si $n < 6$, alors
$$p_n = \sum_{k=0}^{6}(-1)^k\, C_6^k \left(1 - \frac{1}{6}\right)^n = 0.$$

• SOLUTIONS DES EXERCICES •

# La géométrie du hasard

En janvier 1646, Etienne Pascal glissa sur du verglas et se démit la hanche; cet accident, qui faillit lui coûter la vie, marqua beaucoup son fils et eut des conséquences néfastes sur sa santé. Ses migraines devinrent intolérables, il ne se déplaçait plus qu'avec des béquilles et ne pouvait avaler que quelques gouttes de thé brûlant. C'est en discutant avec les médecins de son père que Blaise Pascal découvrit Jansénius (1585-1638) dont les enseignements se répandaient alors en France, remettant en question la doctrine jésuite qui régnait depuis près de 100 ans. Pascal fut particulièrement attiré par les idées de Jansénius sur la science : peut-on laisser libre cours à la curiosité insatiable de l'homme, à sa "concupiscence" (comme disait Jansénius)? Pascal se met alors à considérer son activité scientifique comme un péché et le mal qui le poursuit, comme un juste châtiment. C'est ce qu'il appellera "sa première conversion". Dès lors, il décide d'abandonner toute forme de recherche pouvant aller contre Dieu. Cependant, il ne se résout pas à tout laisser tomber et reprend ses expériences dès que son mal s'apaise.

Sa santé s'étant un peu améliorée, un nouveau Pascal surgit, inconnu de ses proches : en 1651, il supportera très courageusement la mort de son père et jugera très froidement le rôle de celui-ci dans sa vie, l'influence de son éducation, réaction frappante lorsque l'on sait ce qui s'était passé quelques années auparavant au moment de l'accident.

Puis Pascal rencontre de nouveaux amis peu portés au jansénisme. Il voyage dans la suite du comte de Roanne et y fait connaissance du Chevalier de Méré, homme intelligent et cultivé bien que suffisant et superficiel. Sa compagnie était fort recherchée, ce qui explique que son nom soit resté dans l'histoire. Il écrivait régulièrement à Pascal pour lui faire part de ses réflexions notamment en mathématiques; ses propos apparaissent aujourd'hui bien naïfs et, aux dires de Sainte-Beuve, "de telles lettres suffisent à en déprécier l'auteur et le destinataire aux yeux des générations futures". Toutefois, Pascal continua à fréquenter le chevalier de Méré avec qui il goûtait aux joies de la vie mondaine.

Voyons maintenant comment "un problème posé à un sévère janséniste par un homme du monde, donna naissance à la théorie des probabilités" (Poisson). En fait, si l'on en croit les historiens, il s'agit de deux problèmes qui furent énoncés bien avant l'arrivée du chevalier de Méré. Le premier était de savoir combien de fois il faut jeter les dés pour que la probabilité d'obtenir au moins une fois une paire de six dépasse celle de ne pas l'obtenir. Méré avait lui-même trouvé la solution mais malheureusement, par deux méthodes différentes, il arrivait à deux résultats différents : 24 et 25 coups. Certain de la justesse des deux méthodes, il explique ces deux résultats différents par "l'inconstance de la mathématique". Le résultat de Pascal est 25 mais il ne le publie pas; ce qui l'intéresse avant tout, c'est le deuxième problème de "la valeur des partis". Au début du jeu, tous les joueurs (qui peuvent être plus de deux) font leur mise; le jeu se fait en plusieurs parties et il faut en remporter un certain nombre pour gagner le pot. Le problème est de savoir comment répartir le pot équitablement entre les joueurs en fonction du nombre de parties qu'ils ont gagnées lorsque le jeu n'est pas mené jusqu'au bout (lorsque personne n'a gagné assez de parties pour recevoir le pot). Pascal écrit que Méré "n'avait jamais pu trouver la juste valeur des partis ni de biais pour y arriver". Dans l'entourage de Pascal personne ne comprit la solution qu'il proposa. Finalement, c'est en 1654 qu'il trouve un interlocuteur à son niveau : il s'agit de Pierre de Fermat avec qui il entretient une correspondance (de juillet à octobre 1654) qui est à l'origine de la théorie des probabilités. Fermat propose une autre méthode pour résoudre le problème des mises mais les résultats sont les mêmes que ceux de Pascal qui écrira : "voilà notre intelligence rétablie". (Œ.C., p. 90). "Je vois bien que la vérité est la même à Toulouse et à Paris". (A Fermat, Œ.C., p. 77). Il se félicite d'avoir un interlocuteur de choix et désire dorénavant rester en contact avec lui ("Je voudrais désormais vous ouvrir mon coeur, s'il se pouvait", ibidem).

Et c'est cette même année que Pascal publie un de ses ouvrages les plus célèbres : *le Traité du triangle arithmétique* que l'on appelle aussi triangle de Pascal, bien qu'il semble avoir déjà été connu dans l'Inde antique et que Stigfel en parle déjà au XVI$^{ème}$ siècle.

En voici la formule :

$$C(n,k) = C(n-1,k) + C(n-1,k-1).$$

C'est la première fois que le principe de l'induction mathématique figure dans un traité (cependant, on l'utilisait déjà depuis longtemps sous la forme que nous connaissons aujourd'hui). En 1654, Pascal communique à la "grande Académie" de Paris la liste des travaux qu'il compte publier. Parmi eux se trouve le traité "qui peut revendiquer ce titre étonnant : La géométrie du hasard", *stupendum hunc titulum jure arrogat aleae Geometria* ("Celeberrimae", Œ.C, p. 74).

# index

aire, 47, 85
$\sigma$-algèbre, *voir* tribu
application, 3, 69, 75
    bijective, 71, 74
    injective, 5, 14, 71
    surjective, 14, 71
arrangement, 3

cardinal, 74, 75
chemins monotones, 16
combinaison, 8
    avec répétition, 11, 13
convergence
    d'intégrales, 80
    de séries, 77
    des séries, 77

dérangement, 53
distribution de probabilité, 30, 34

ensemble(s)
    complémentaire, 67
    dénombrable, 74
    disjoints, 67
    fini, 73, 76
épreuve(s), 23
équiprobabilité, 32
espace probabilisé, 37
événement, 25
    certain, 27
    contraire, 27
    élémentaire, 27
    impossible, 27
    quasi-certain, 43
    quasi-impossible, 43
événements
    incompatibles, 27

famille sommable, 77
fonction indicatrice, 73, 87
fonction $\Gamma$, 82, 89
formule
    de Pascal, 9
    de Vandermonde, 10
    du binôme, 9, 65
    du crible, 40, 52, 55, 75

intégrale
    double, 84
    multiple, 90
    simple, 79
intersection d'événements, 26
involution, 72

$p$-liste, 2, 11

nombres
    $A_n^p$, 4
    $C_n^p$, 8
    $\Gamma_n^p$, 13
    $S_{p,n}$, 14, 55

parties d'un ensemble, 7
partition, 68, 75
permutation, 6, 51, 72
probabilité, 31, 34, 37
    uniforme, 32, 46, 47

réunion d'événements, 26

suite
    d'événements, 41
système
    complet d'événements, 28
    quasi-complet d'événements, 43

tirages
    avec remise, 3, 48
    sans remise, 5, 49
tribu, 36

univers, 23

• INDEX •

tribu, 36

univers, 23

Achevé d'imprimer par

31240 L'UNION (Toulouse)
Tél. (16) 61.37.64.70
Dépôt légal : Août 1996